服装高等教育"十二五"部委级规划教材

服装制作工艺
基础篇
（第3版）

朱秀丽　鲍卫君　屠晔　编著

U0241424

国家一级出版社　　中国纺织出版社　全国百佳图书出版单位

内 容 提 要

本书共6章，从缝纫基础知识入手，采用图解形式分门别类、按步骤地介绍服装部件——领子、袖子、口袋、开口、摆边和腰头，共计90余款经典服装部件的缝制方法。详细阐述了缝制的要点、难点和技巧，同时对主要的、常用的服装部件缝制工艺和缝纫设备等附有二维码网络教学资源，读者可观看、学习缝制的过程和方法。

全书内容丰富、由浅入深、图文并茂、实用性强、通俗易懂，读者可通过书中零部件缝制图解说明自由组合成衣。本书既可作为高等院校服装专业、服装企业和服装培训机构的教材，也可作为服装爱好者入门自学用书。

图书在版编目（CIP）数据

服装制作工艺. 基础篇／朱秀丽，鲍卫君，屠晔编著. —3版. —北京：中国纺织出版社，2016.11（2021.9重印）
服装高等教育"十二五"部委级规划教材
ISBN 978-7-5180-2178-9

Ⅰ.①服… Ⅱ.①朱… ②鲍… ③屠… Ⅲ.①服装—生产工艺—高等职业教育—教材 Ⅳ.①TS941.6

中国版本图书馆CIP数据核字（2016）第064682号

责任编辑：张晓芳　　责任校对：寇晨晨
责任设计：何　建　　责任印制：何　建

中国纺织出版社出版发行
地址：北京市朝阳区百子湾东里A407号楼　邮政编码：100124
销售电话：010—67004422　传真：010—87155801
http://www.c-textilep.com
中国纺织出版社天猫旗舰店
官方微博 http://weibo.com/2119887771
三河市宏盛印务有限公司印刷　各地新华书店经销
2002年1月第1版　2009年9月第2版
2017年11月第3版　2021年9月第27次印刷
开本：787×1092　1/16　印张：17.75
字数：276千字　定价：39.80元

出版者的话

《国家中长期教育改革和发展规划纲要》中提出"全面提高高等教育质量","提高人才培养质量"。教高[2007]1号 文件"关于实施高等学校本科教学质量与教学改革工程的意见"中,明确了"继续推进国家精品课程建设","积极推进网络教育资源开发和共享平台建设,建设面向全国高校的精品课程和立体化教材的数字化资源中心",对高等教育教材的质量和立体化模式都提出了更高、更具体的要求。

"着力培养信念执著、品德优良、知识丰富、本领过硬的高素质专业人才和拔尖创新人才",已成为当今本科教育的主题。教材建设作为教学的重要组成部分,如何适应新形势下我国教学改革要求,配合教育部"卓越工程师教育培养计划"的实施,满足应用型人才培养的需要,在人才培养中发挥作用,成为院校和出版人共同努力的目标。中国纺织服装教育协会协同中国纺织出版社,认真组织制订"十二五"部委级教材规划,组织专家对各院校上报的"十二五"规划教材选题进行认真评选,力求使教材出版与教学改革和课程建设发展相适应,充分体现教材的适用性、科学性、系统性和新颖性,使教材内容具有以下三个特点:

(1)围绕一个核心——育人目标。根据教育规律和课程设置特点,从提高学生分析问题、解决问题的能力入手,教材附有课程设置指导,并于章首介绍本章知识点、重点、难点及专业技能,增加相关学科的最新研究理论、研究热点或历史背景,章后附形式多样的思考题等,提高教材的可读性,增加学生学习兴趣和自学能力,提升学生科技素养和人文素养。

(2)突出一个环节——实践环节。教材出版突出应用性学科的特点,注重理论与生产实践的结合,有针对性地设置教材内容,增加实践、实验内容,并通过多媒体等形式,直观反映生产实践的最新成果。

(3)实现一个立体——开发立体化教材体系。充分利用现代教育技术手段,构建数字教育资源平台,开发教学课件、音像制品、素材库、试题库等多种立体化的配套教材,以直观的形式和丰富的表达充分展现教学内容。

教材出版是教育发展中的重要组成部分,为出版高质量的教材,出版社严格甄选作者,组织专家评审,并对出版全过程进行跟踪,及时了解教材编写进度、编写质量，力求做到作者权威、编辑专业、审读严格、精品出版。我们愿与院校一起，共同探讨、完善教材出版，不断推出精品教材，以适应我国高等教育的发展要求。

中国纺织出版社

教材出版中心

前言

　　《服装制作工艺·基础篇》自2002年第1版、2007年第2版出版发行以来，作为高等院校服装制作工艺系列课程的教材，受到师生的广泛好评。由于服装工艺的不断更新和服装缝制设备的快速发展，第3版对教材内容作了适当的修订，便于读者学习服装缝制的过程和方法，力求使学生达到触类旁通，举一反三的效果。另外，在第一章增加了"缝纫辅助设备和生产模板"的内容，把服装工业生产的最新工艺介绍给读者。

　　服装工艺制作是服装类专业学生的专业课程，它是服装款式设计和结构设计的最终体现。服装工艺制作课程是高等院校服装专业实践性教学环节的重要组成部分。《服装制作工艺·基础篇》是服装工艺的入门课程，也是《女装工艺》、《男装工艺》、《礼服制作》、《服装构成》等课程的先修课程，在服装专业课程中具有举足轻重的作用。在实际使用中各院校可根据自身的教学特色和教学计划进行选用。

　　本书内容涵盖大学本科服装类专业、高职院校服装类专业在服装制作基础工艺教学中所涉及的范围。全书共六章，内容涵盖服装制作各个部位，涉及缝纫基础、领子、袖子、口袋、开口、摆边和腰头，共计经典服装部件90余款。本书在选用的实例中，配有大量的图片，力求使学生在有限的教学课时中，经过系统的学习，全面掌握服装部件制作的基本方法和要领、服装缝制工艺质量标准，为后续的专业课程学习打好基础。

　　本书由浙江理工大学服装学院的朱秀丽教授策划主编，鲍卫君、屠晔老师任副主编。

　　本书的款式图由杭州服装职业高级中学孔庆老师和浙江理工大学张芬芬绘制，浙江理工大学服装学院陈荣富、徐麟健、胡海明、尹艳梅、吴巧英等老师参加服装缝制工艺网络教学资源的辅助工作，浙江理工大学贾凤霞、胡海明、支阿玲等老师和浙江同济科技职业学院吕凉老师参加服装工艺图的绘制工作，视频录音由浙江理工大学服装设计与工程专业毕业生黄晓彬同学完成。

　　由于编写时间仓促，水平有限，书中难免会有错漏之处，欢迎同行专家和广大读者批评指正。

编著者

2016.10

教学内容及课时安排

章/课时	课程名称	节	课程内容
第一章 （24课时）	缝纫基础	一	常用手针工艺
		二	平缝机的构造与使用方法
		三	缝型
		四	省缝的处理
		五	缝边的处理方法
		六	熨烫工艺的基本知识
		七	缝纫辅助设备和服装生产模板
第二章 （40课时）	领子	一	无领领型
		二	翻领领型
		三	其他领型
第三章 （30课时）	袖子	一	无袖型
		二	装袖型
		三	垫肩的制作及安装
		四	连衣袖
		五	袖口
第四章 （24课时）	口袋	一	贴袋
		二	挖袋
		三	利用分割线的插袋
第五章 （16课时）	开口	一	直至衣摆边的门襟开口
		二	衣片中间的门襟开口
		三	开衩
		四	拉链开口
		五	暗门襟开口
第六章 （12课时）	摆边和腰头	一	衣摆边
		二	裙摆边
		三	腰头

注　各院校可根据自身的教学特色和教学计划对课时数进行调整。

目录

第一章　缝纫基础

第一节　常用手针工艺

手针工艺是制作服装的一项传统工艺，随着服装机械的发展以及制作工艺的不断改革，手针工艺不断地被取代。但从目前缝制服装的状况看，很多工艺过程仍依赖于手针工艺来完成，尤其是毛料服装。另外，一些服装的装饰也离不开手针工艺，手针工艺是一项重要的基础工艺，它主要是使布、线、针及其他材料和工具通过操作者的手工进行的工作。

一、工具

常用手针工具主要有以下几种：

1. **手缝针**　最简单的缝纫工具。针号随衣料的厚薄、质地及用线的粗细而决定，见表1-1。

表1-1　手针号码与缝线粗细的关系

针号	1	2	3	4	5	6	7	8	9	10	11	长7	长9
直径（mm）	0.96	0.86	0.78	0.78	0.71	0.71	0.61	0.61	0.56	0.56	0.48	0.61	0.56
长度（mm）	45.5	38	35	33.5	32	30.5	29	27	25	25	22	32	30.5
线的粗细	粗线			中粗线				细线		绣线			
用料	厚料			中厚料		一般料		轻薄料					

2. **顶针**　又名针箍，用于保护手指在缝纫中免受刺伤。有帽式与箍式之分。

3. **剪刀**　有裁剪刀、缝纫小剪刀等。

二、针法种类与缝制技法

手工缝纫有灵活方便的特点，是服装加工中的一项基本功，特别在缝制毛呢或丝绸服装的装饰点缀时，手针工艺更是不可缺少的辅助工艺。

手缝针法种类较多，按缝制方法可分为平针、回针、斜针等；按线迹形态可分为三角针、旋针、竹节针、十字针等。以下介绍几种常用针法，从其运用范围、缝制技法等方面分别加以阐述。

1. **短缝针** 将手针由右向左，间隔一定距离构成针迹，一般连续运针三四针后拔出。常用于手工缝纫、假缝试穿、装饰点缀、归拢袖山弧线、抽碎褶等。图1-1为运针方法，图1-2为归拢袖山弧线，图1-3为抽碎褶。在归拢袖山弧线与抽碎褶时，针距要细密，作针尖运动。

2. **长短缝针** 也称绷缝。面料上面呈长针迹，面料下面呈短针迹，一般用于敷衬、打线丁等。图1-4为运针方法，图1-5为打线丁。

线丁在服装生产过程中的作用是缝份、尺寸、结合部位的标志。各种毛料服装在制作之前，首先要进行这道工序，服装完成之后，线丁作用即消失。不能采用划粉作标记的衣片，也用打线丁的方法。这些面料除毛料外，还有各种混纺面料、丝织品等。

打线丁的线采用全棉双线，在直线部位，针距可大一些；在曲线部位，针距可短一些。

3. **回针** 也称倒钩针，有全回针和半回针之分。用于服装某些部位的缝纫加固，如领口、袖窿、裤裆等弧线部位。图1-6为全回针，其针法是一边将针倒回到原针眼位置，一边缝下去，如果是密集的全回针，则外观与缝纫机平缝线迹相似。图1-7为半回针，其针法是一边将针倒回到原针眼位置的二分之一处，一边缝下去，多用于两块布料的固定。

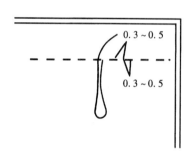

图1-1

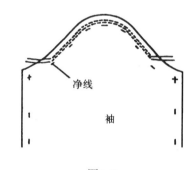

图1-2

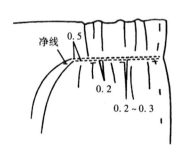

图1-3

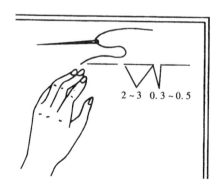

图1-4

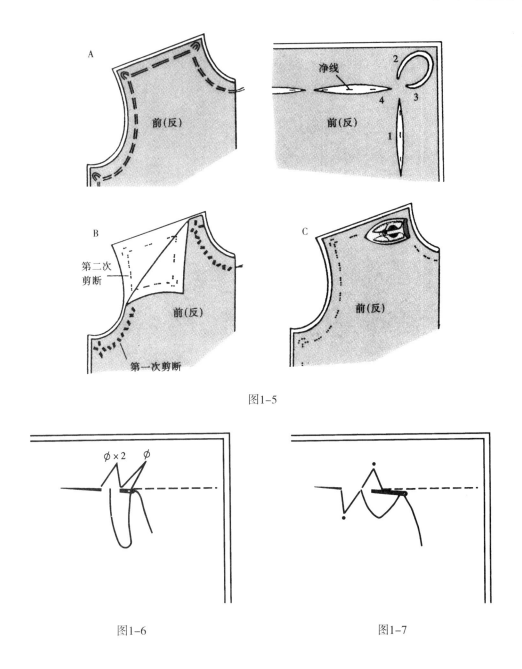

图1-5

图1-6　　　　　　　　　　　图1-7

4. **斜针**　也称扎针，线迹为斜形，针法可进可退。主要用于边缘部位的固定，见图1-8。

5. **纳针**　线迹为八字形，故也称八字针。上、下面料缝后形成弯曲状，底针针迹不能过分显现。多用于西服领中的驳领，见图1-9。

6. **拱针**　也称暗针。在服装缝制过程中，采用拱针的部位不多，一般在不压明线的毛呢服装前门襟止口部位采用，使衣身、挂面、衬料三者都能固定。它要求表面不露出明显针迹，采取倒回针的针法。图1-10为挂面与衣片固定的图示，图1-11为绱拉链的图示，图1-12为固定驳口线的图示。

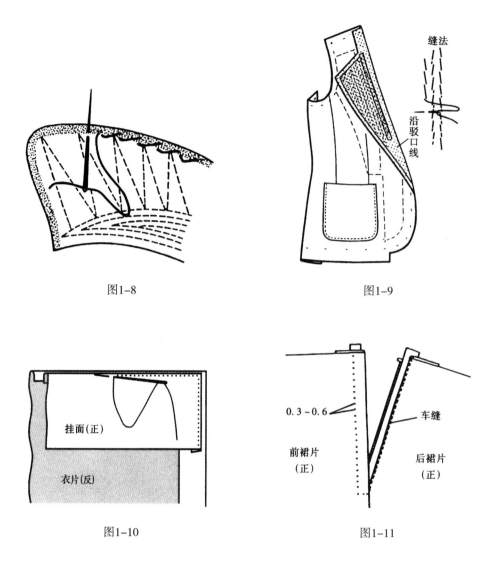

图1-8

图1-9

图1-10

图1-11

图1-12

7. **缲针** 有明缲针、暗缲针与三角缲针三种。缲针一般用于服装的底边、袖口和裤口的贴边等边缘的处理。宜选用与衣料同色线，以便隐藏线迹。缲针在服装反面操作，线迹宜松弛。

（1）明缲针：由右向左，由内向外缲，每针间距0.2cm，针迹为斜扁形，见图1-13。

（2）暗缲针：由右向左，由内向外直缲，缝线隐藏于贴边的夹层中间，每针间距0.3cm，见图1-14。

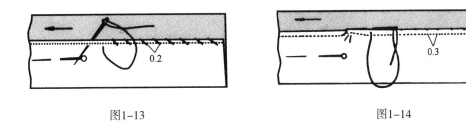

图1-13   图1-14

（3）三角缲针：由右向左，每针间距0.5cm，注意在衣片上只挑起1～2根纱线，见图1-15。

8. **三角针** 也称花绷针。针法为内外交叉、自左向右倒退，将布料依次用平针绷牢，要求正面不露出针迹，缝线不宜过紧。图1-16为运针方法；图1-17为普通三角针，主要用于全衬里的西服摆边、袖口的缝份固定；图1-18为直立三角针，比普通三角针的针距

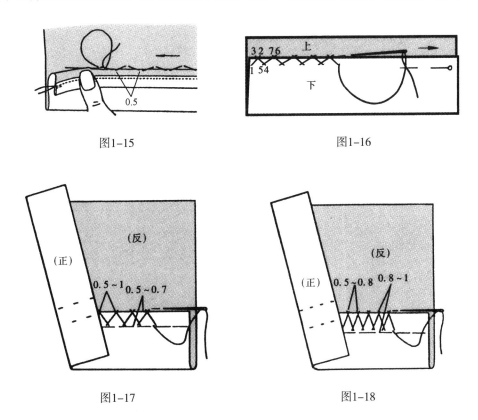

图1-15   图1-16

图1-17   图1-18

间隔窄，纵向稍长，主要用于裤脚口的缝份处理。图1-19为简单三角针，与上述三角针的缝向相反，从右向左交互地缝，主要用于将防伸缩的衬条固定在面料上。

9．直卷缝 手缝线与车缝线同色，稍比车缝线粗，针距与裁剪线呈直角，针迹较密，如图1-20。

10．斜卷缝 多用于驳领的翻驳线处，使外翻的余量、衬和挂面很好地稳定下来。针与翻驳线成直角，斜卷着缝下去，见图1-21。

11．套结针 套结的作用是加固服装开口的封口处，如袋口两端、拉链终端等通常易受较大拉力的部位，针法与锁扣眼针法相同。其针法分为两种，锁缝法和交叉运针法。

（1）锁缝法：见图1-22。操作时先在封口处用双线来回衬线，然后在衬线上用锁眼的方法锁缝。针距要求整齐，且缝线必须缝住衬线下面的布料。

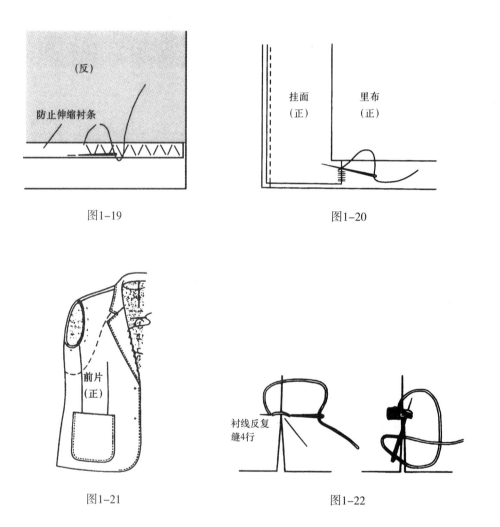

图1-19

图1-20

图1-21

图1-22

（2）交叉运针法：见图1-23。先在打套结的位置手针缝三针，见图1-23①。然后交叉运针，上针呈8字，包卷三根套结芯线，见图1-23②。图1-23③为套结完成。

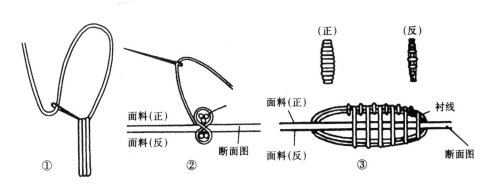

图1-23

12. **拉线襻** 常用于腰带襻、裙和大衣的面料与里料的固定。常用的方法有两种：

（1）手编法：操作方法分套、钩、拉、放、收五个步骤，见图1-24。

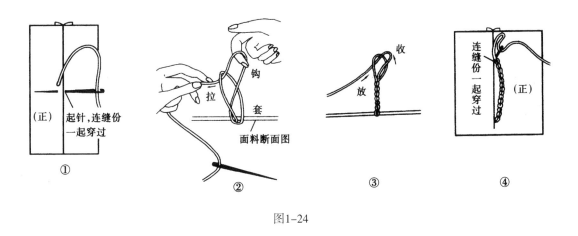

图1-24

（2）锁缝法：操作时先用缝线来回缝出2～4条衬线，然后按照锁扣眼的方法进行锁缝，见图1-25。

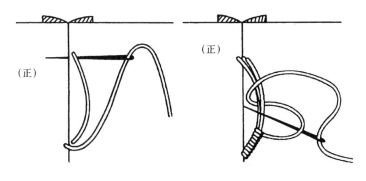

图1-25

13. **锁扣眼** 纽孔在外观上分平头和圆头两种。功能上有实用与装饰之分，加工方法上有手工锁缝和机器锁缝之分。手工锁眼时，一般使用棉、涤棉或丝线，线的长度大约是扣眼的30倍。根据面料的厚薄，可用单股缝线或双股缝线合并锁缝。

在锁缝扣眼之前，要先对锁缝线进行处理，为防止锁缝线打扭，可用熨斗熨烫一次，若在锁缝线上打一些蜡，再用纸张夹住擦去多余的蜡，则锁缝线会更牢固一些，见图1-26。锁缝线应与面料的颜色匹配或略深一些。

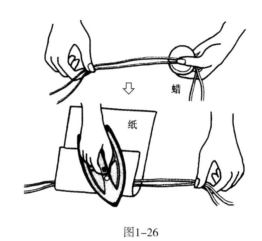

图1-26

（1）横向平头扣眼：常用于衬衫、两用衫、童装中。其特点是靠近前门襟止口处的一侧锁缝成放射状，另一侧锁缝成方形。具体操作步骤见图1-27中①～⑨。

①确定扣眼大小，一般宽0.4cm，长是纽扣直径加上纽扣厚度（0.3cm），然后机缝。容易毛边的面料，在扣眼中也要来回车缝几道线，以防止脱纱。

②在扣眼中央剪口。

③在扣眼周围缝上一圈衬线，然后按图示，一边打线结，一边锁缝下去。

④一侧锁完眼后，在转角处锁成放射状，然后继续锁缝。

⑤按图示锁到最后，将针插入最初锁眼的那个线圈中。

⑥将线横向缝两针。

⑦再纵向缝两针。

⑧在里侧来回两次穿过锁眼线，不用打线结，直接将线剪断。

⑨锁眼完毕，不要忘记将最初的线结剪掉。

（2）纵向扣眼：常用于衬衫类服装中，其特点是扣眼两端锁缝成方形。具体操作步骤见图1-28中①～⑤。

①做衬线。

②③④⑤一侧锁眼完毕，转角处纵横方向各缝两针，继续锁缝另一侧，另一端转角处也在纵横方向各缝两针。

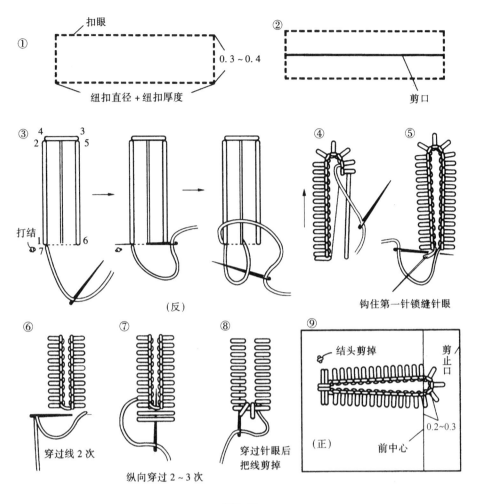

图1-27

（3）圆头扣眼：常用于毛料及较厚化纤面料的套装、西服、大衣等服装中。其特点是在扣眼的前端用打孔器开出小圆孔，圆孔大小与纽脚粗细相同。具体操作步骤见图1-29中①～④所示。

（4）圆形扣眼：常作为带子、绳子的穿引口，具体操作步骤见图1-30中①～④所示。

（5）假扣眼：常用于西装的驳领、袖开衩等的装饰，它是采用锁缝形成的一个假扣眼。有使用横向平头扣眼的锁缝法，见图1-31①所示；也有用锁链绣的方法，见图1-31②所示。

14. 钉纽扣 纽扣的种类按材料分有纸板、胶木、木质、电木、塑料、有机玻璃、金属、骨质等；在式样上有圆形、方形、菱形等各种形状；在与衣服的关系上可分为有眼和无眼两种。钉缝的纽扣有实用扣和装饰扣两种功能形式。实用扣要与扣眼相吻合；而装饰扣与扣眼不发生关系，因此在钉纽扣时，线要拉紧钉牢。

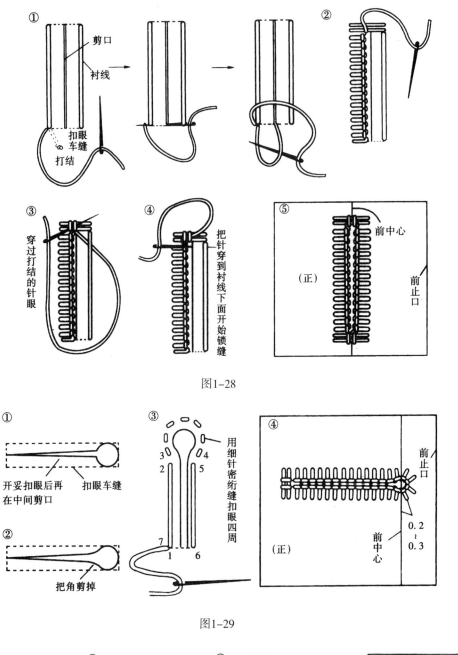

图1-28

图1-29

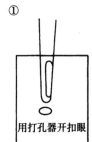

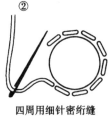

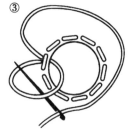

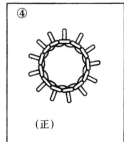

图1-30

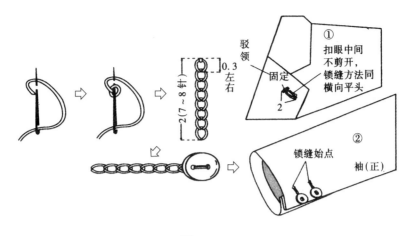

图1-31

（1）有线脚无垫扣的纽扣钉缝：线脚的长短应根据所钉纽扣衣片的厚薄来决定，一般要比衣片的厚度稍长，最初与最终所打的线结不要留在里侧。具体操作步骤见图1-32中①～⑦。

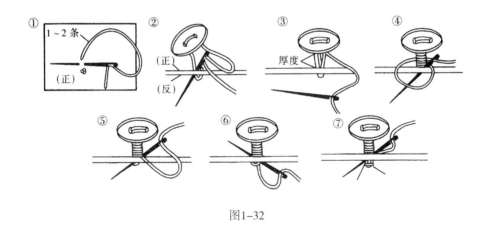

图1-32

①做线结，在布料的表面缝成十字形。

②将线穿入纽扣。

③将线穿2～3次，使线脚比需要的厚度稍长。

④从上向下将线绕几圈。

⑤打一个线套，将线拉紧。

⑥来回穿两针，将线穿到里面。

⑦在里面做一个线结，然后将线拉至布面或线脚的间隙中，齐眼剪去多余的线。

（2）有线脚和垫扣（支力扣）的纽扣钉缝：此方法常在西服、外套、大衣中使用。由于纽扣比较大，对布料的负担就大，钉缝纽扣时针线要穿到里面，同时将垫扣也钉缝上，垫扣不需要线脚，见图1-33。

（3）装饰扣的钉缝：同钉扣一样，但不需要线脚，见图1-34。

（4）有脚扣的钉缝：直接将缝线穿过纽脚上的扣眼与衣片固定，缝线不必放出线脚，见图1-35。

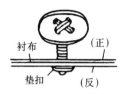

图1-33

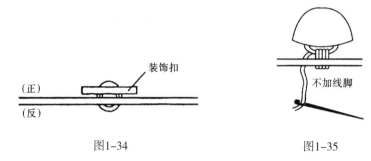

图1-34   图1-35

（5）四孔纽扣的钉缝：四孔纽扣的穿线方法有平行、交叉、方形等几种，见图1-36。

15. **包扣**　将布料按纽扣直径的2倍剪成圆形，用双线在其边沿均匀密绗缝一周，塞进纽扣或其他硬质材料后，将线均匀抽拢、固定。有时为点缀可在布面上作装饰缝。包扣在服装上既有实用功能，又起装饰作用，见图1-37。

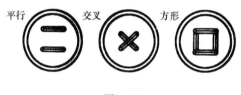

图1-36

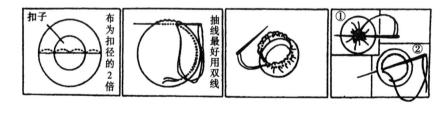

图1-37

16. **钉按扣**　按扣又称揿扣、子母扣，它较纽扣、拉链穿脱方便，且较隐蔽。按扣有大有小，色彩丰富，用途也较广。厚面料需用力的地方，钉大按扣。在不显露的暗处钉按扣时，多用与面布同色的按扣，凹扣钉在下，凸扣钉在上，见图1-38。钉按扣的具体操作步骤见图1-39①～③。

①在钉按扣的中央，从表面先缝一针，线结处于表面。

②与锁扣眼相同，每小孔缝3～4针。

③最初与最终的线结，放在按扣与布料之间，不要留在里面。

17. **钉钩扣**　钩扣的形状、大小要根据使用的位置与功能进行选择。钉缝时，钩的一

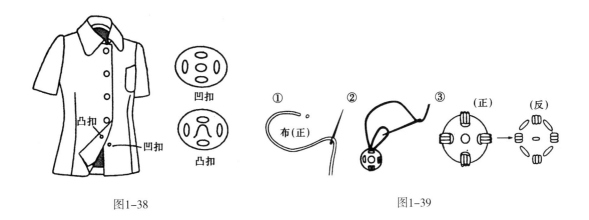

图1-38　　　　　　　　　　　　　　　　　　图1-39

侧要缩进，环的一侧要放出，钩好后使衣片之间无间隙。

（1）丝状钩扣的钉法：丝状钩扣主要用于两片合在一起不太吃劲的部位。上侧的挂钩稍缩进距边缘0.2~0.3cm，下侧的环与上侧的钩相反。首先穿两根横线，将挂钩固定，然后与锁眼方法相同。应注意"吞钩吐环"的要领，见图1-40。

（2）片状钩扣的钉法：多用于易受拉力的部位，如裙子、裤子的腰头上，见图1-41。注意扣钩的位置，钩扣钉上后要使整体造型美观、自然、平整，每个小孔缝完线后，将线剪断。

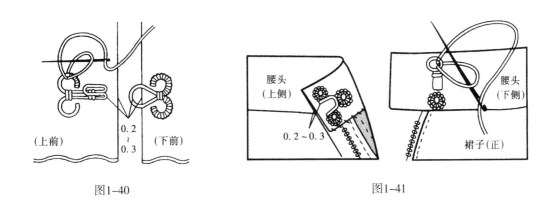

图1-40　　　　　　　　　　　　　　　　图1-41

第二节　平缝机的构造与使用方法

一、平缝机的构造及工作原理

平缝线迹是由平缝缝纫机完成的，平缝机是服装生产中最基本、最常用的缝纫机。平缝机有机针、挑线、旋梭、送布四大成缝机构，由电动机传动缝纫机的主轴，其四大成缝机构的工作原理如下。

1. **机针机构** 缝纫机针杆上装有机针，机针在针杆的带动下工作。针杆是由主轴传动，通过曲柄滑动机构的传动形成上下往复运动。主轴每转一周，针杆上下往返一次，机针机构的作用是通过机针将上线不断送过布料。

2. **挑线机构** 机针将上线送过布面后，为了与底线交织，上线要保持松弛状态。上、下线交织后，为形成规律的线迹，又需将上线拉紧，其作用就是实现上线的这种时松时紧的要求。其主要机件挑线杆是由主轴通过圆柱凸轮或连杆机构传动的，主轴每转一周，挑线杆上下往返一次，往上运动速度快，往下运动速度则较慢。

3. **旋梭机构** 旋梭机构由主轴经齿轮或连杆机构传动，主轴转动一周，旋梭旋转两周。旋梭机构是使到达布料下侧的上线在梭钩的带动下与梭壳梭芯中的底线相互缠绕，形成上、下线的交织。

4. **送布机构** 最常用的是下送布牙机构，它由主轴经凸轮连杆机构传动，其运动轨迹是上下前后呈椭圆形。主轴转动一周，送布牙运转一周，即向前送布一次。送布牙的运动主要是输送布料向前移动，以配合机针和旋梭形成线迹。

二、平缝机的使用方法

由于不同线迹的需求和功用，缝纫机种类繁多，主要有平缝机、链缝机、绷缝机、包缝机、缲缝机、刺绣机、锁眼机、钉扣机、套结机等缝纫机械。高速平缝机（GC6—1型）见图1-42。

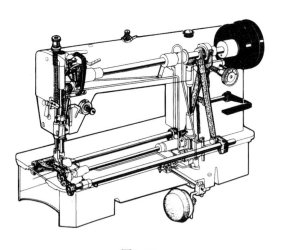

图1-42

1. **装针、穿线方法及线迹的调节**

（1）装针：转动上轮，使针杆上升到最高位置，旋松装针螺丝，将机针的长槽朝向操作者的左面，然后把针柄插入针杆下部的针孔内，使其触到针杆孔的底部为止，再旋紧装针螺丝即可，见图1-43。

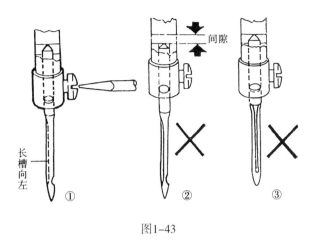

图1-43

（2）穿线：穿面线时针杆应在最高位置，然后由线架上引出线头，按图1-44所示顺序穿线。

引底线时，先将面线线头捏住，转动主动轮，使针杆向下运动，再回升到最高位置，然后拉起捏住的面线线头，底线即被牵引上来。最后将底、面两根线头一起置于压脚下前方。

（3）绕线调节：见图1-45，梭芯线应排列整齐而紧密。如松浮不紧，可以加大过线架夹线板A的压力。如排列不齐，则要移动过线架C的位置进行调整，出现单边线如图1-45②或图1-45③时，可分别向右和向左移动过线架，直至自动排列整齐成为图1-45①后即可。

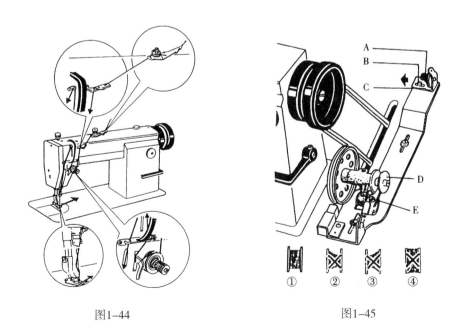

图1-44   图1-45

注意：梭芯线不要绕得过满，否则容易散落，适当的绕线量为平行绕线至梭芯外径的80%，绕线量由满线跳板上的满线度调节螺丝E加以调节。绕线时抬起压脚，以防送布牙磨损。

（4）针距调节：倒顺送料针距的长短，可以转动针距标盘A来调节，标盘上的数字表示针距长短尺寸（单位为mm），见图1-46。

倒向送料时，可将倒缝操作杆B，向下揿压即能倒送，手放松后倒缝操作杆B自动复位，恢复顺向送料。

（5）压脚压力调节：压脚压力要根据缝料的厚度加以调节，首先旋松螺母，如图1-47①所示。在缝纫厚料时，应加大压脚压力，按图1-47①箭头所示方向转动调压螺丝；缝纫薄料时，可按图1-47②箭头所示方向转动调压螺丝，以减少压脚压力，应以能正常推送料为宜。

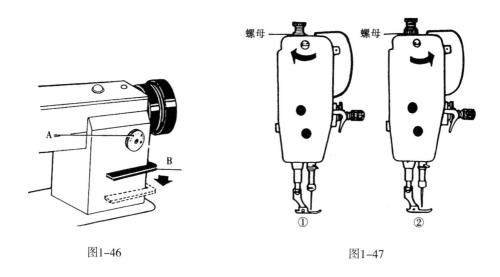

图1-46 图1-47

（6）缝线线迹的调节：缝线的线力要根据缝料的差别、缝线的粗细以及其他一些因素而变动，使上、下线（即底、面线）保持适当的张力，这是能否形成合格线迹的重要因素，因此在缝制前，必须仔细地调节底、面线的张力，一般先调节底线张力。

底线张力调节，只要用小号螺丝刀旋转梭壳上的梭皮螺丝A，加大或减少底线张力即可，见图1-48①。一般来说，底线如采用60号棉线，梭芯装入梭壳B后，拉出缝线穿过梭壳线孔，捏住线头吊起梭壳，梭壳如能缓缓下落，则可使用。

面线引力以底线张力为基准。面线张力的调整主要通过调节夹线板来实现，进行试缝后，观察线迹形成情况，见图1-49①～⑤。

①表示缝纫线的正常线迹。

②表示浮面线，说明面线张力过大，应逆时针旋转夹线螺母，放松面线压力（或旋紧梭皮螺丝加大底线压力），见图1-50。

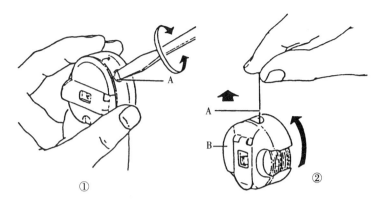

图1-48

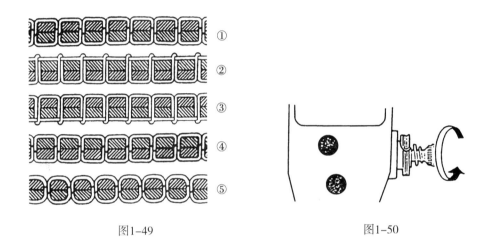

图1-49　　　　　　　　　图1-50

③表示浮底线，说明面线张力太小，应顺时针旋转夹线螺母，以加大面线的压力（或旋松梭皮螺丝减少底线压力）。

④表示底、面线均浮线，说明底、面线张力均过小。

⑤表示底、面线张力均过大。

④和⑤的情况可按上述方法分别加大或减少底、面线张力来调整。

（7）线钩装配位置的调节：这关系到缝纫线迹的优劣。线钩装配位置应适合缝料与缝纫条件，见表1-2。

表1-2　线钩位置与缝料关系

线钩位置	左侧	中间	右侧
缝料	厚料	中厚料	薄料

（8）机针、缝线规格与缝料的关系：见表1-3。

表1-3　机针、缝线规格与缝料的关系

机针号	缝线号	布　料
9（65/9）	100~80	绉纱、乔其、雪纺等极薄面料
11（75/11）	80~60	绢、平纹布、府绸等薄面料
14（90/14）	60~50	普通棉、毛织物等
16（100/16）	50~30	平纹布、毛织物、薄皮革等厚面料

第三节　缝型

缝型的结构形态对成衣的品质（外观和强度）具有决定性的意义。

由于缝制时衣片的数量、配置形式及缝针穿刺形式的不同，使缝型变化较为复杂。为了逐步推行缝型的标准化，国际标准化组织于1981年3月，拟定出缝型符号的国际标准ISO 4916。

一、缝型国际标准图示说明

1. **用垂直于缝料的直线表示缝针穿透缝料的位置和程度**　其中短线表示包覆在缝料内部的缝线穿刺形式，长线一般表示最后完成的呈现在缝料表面的缝针穿刺形式。

2. **缝针穿刺缝料的情况**　缝针穿刺缝料有三种情况，见图1-51。第一种是缝针穿刺所有缝料，用垂直通过所有横线的竖线表示；第二种是缝针不穿刺所有缝料，用竖线垂直通过部分横线表示；第三种是缝线穿刺与缝料相切，用竖线垂直通过横线而与某部分横线相切。

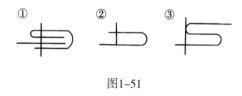

图1-51

3. **表示松紧带和衬布的方法**　用短而粗的横线表示松紧带，用长而粗的横线表示衬布。

4. **缝型示意图**　按机器缝合的情况给出缝型示意图，缝合可能有一次或多次，需要在示意图中完整绘出。常用缝型符号，见表1-4。

表1-4 常用缝型符号

缝型名称	缝型符号	缝型名称	缝型符号
平缝（合缝）		内包缝、外包缝	
扣压缝（钉口袋）		压止口线	
来去缝		三线包缝合缝	
折边（卷边）		五线包缝合缝	
装拉链		合肩（加肩条）	
缝裤串带		缝单道松紧带	
滚边（光滚边、半滚边）		缝双道松紧带	
滚边（织带）		缲边缝	
搭接缝			

二、缝型的缝制工艺

衣服是由不同的缝型连接在一起的。由于服装款式及适用范围的不同，在缝制时，各种缝型的连接方式和缝份的宽度也不相同。缝份的加放对于服装成品规格起着重要作用。

1. **平缝** 也称合缝。把两层缝料的正面相对，于反面缉线的缝型，见图1-52。这种缝型宽一般为0.8~1.2cm，在缝纫工艺中是最简单的缝型。将缝份倒向一侧的称倒缝，缝份分开烫平的称分开缝。平缝广泛使用于上衣的肩缝、侧缝，袖子的内外缝，裤子的侧缝、下裆缝等部位。缝制在开始和结束时要缝倒回针，以防线头脱散，并注意上、下层布片的齐整。

2. **扣压缝** 也称克缝。先将缝料按规定的缝份扣倒烫平，再把它置于规定的位置上，缉0.1cm的明线，见图1-53。扣压缝常用于男裤的侧缝、衬衫的过肩、贴袋等部位。

3. **内包缝** 又称反包缝。将缝料的正面相对重叠，在反面按包缝宽度做成包缝。缉线时要缉在包缝的宽度边缘上。包缝的宽窄是以正面的缝迹宽度为依据，有0.4cm、0.6cm、0.8cm、1.2cm等，见图1-54。内包缝的特点是正面可见一条缉缝线，而反面则是两条底线。常用于肩缝、侧缝、袖缝等部位。

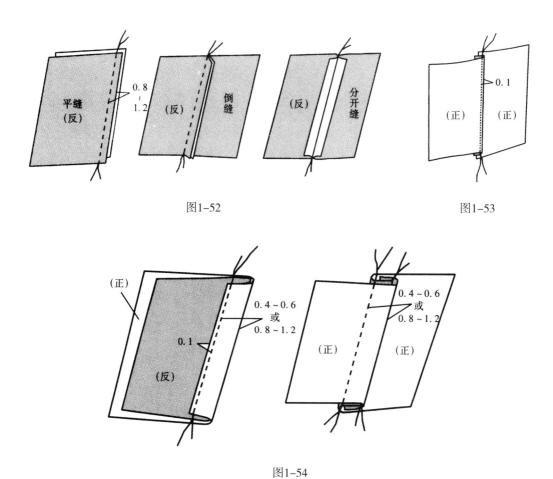

图1-52   图1-53

图1-54

4. 外包缝 又称正包缝。缝制方法与内包缝相同，将缝料的反面与反面相对重叠后，按包缝宽度做成包缝，然后距包缝的边缘缉一道0.1cm明线，包缝宽度一般有0.5cm、0.6cm、0.7cm等多种，见图1-55。外包缝特点与内包缝相反，正面有两条缉缝线（一条面线，一条底线），而反面则是一条底线。常用于西裤、夹克等服装中。

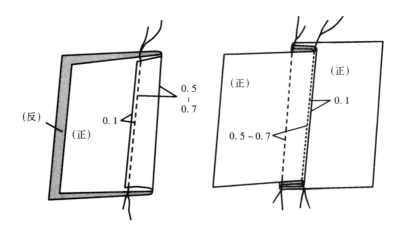

图1-55

5. **来去缝**　正面不见缉线的缝型。将缝料反面相对后，距边缘0.3～0.4cm缉明线，并将布边毛梢修光。再将两缝料正面相对后缉0.7cm的缝份，且使第一次缉缝的缝份不外露，见图1-56。适用于缝制细薄面料的服装。

6. **滚包缝**　只需一次缝合，并将两片缝份的毛茬均包干净的缝型，见图1-57，既省工又省线，适宜于薄料服装。

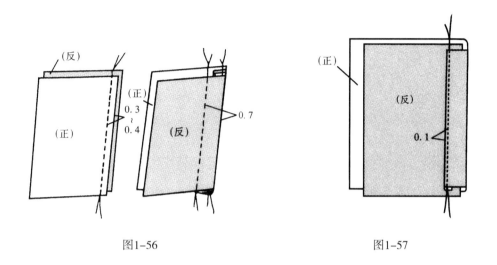

图1-56　　　　　　　　　　　　　　　图1-57

7. **搭接缝**　又称骑缝。将两片缝料拼接的缝份重叠，在中间缉一道线将其固定，可减少缝子的厚度，多在拼接衬布时使用，见图1-58。

8. **分压缝**　又称劈压缝。先平缝，后向两侧分开，再在分开缝的基础上加压一道明线而形成的缝型，见图1-59。其作用一是加固，二是使缝份平整。常用于裤裆、内袖缝等部位。

9. **闷缝**　将一块缝料折烫成双层（布边先扣烫光），下层比上层宽0.1cm，再将包缝

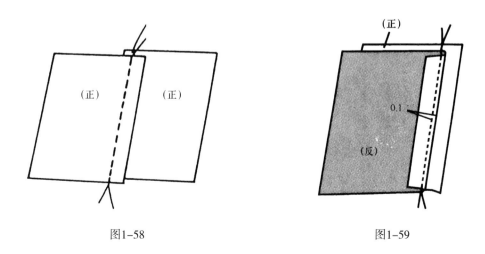

图1-58　　　　　　　　　　　　　　　图1-59

料塞进双层缝料中，一次成型，见图1-60。常用于缝制裙、裤的腰头或袖克夫等需一次成缝的部位。缝制时，注意边车缝、边用镊子略推上层缝料，以保持上、下层松紧一致。

10. 坐缉缝　先平缝，再将缝份朝一侧坐倒，烫平后在坐倒的缝份上缉明线，见图1-61。常用于夹克、休闲类衬衣等服装的拼接缝，其主要作用一是加固，二是固定缝份，三是装饰。

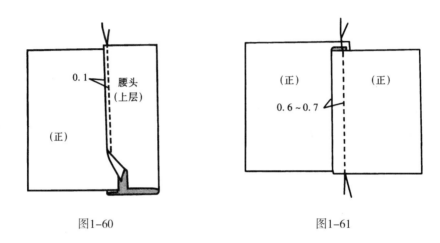

图1-60　　　　　　　　　　　　　图1-61

三、特殊缝型的缝制工艺

滚、嵌、镶、宕是我国传统工艺，是女装、童装的装饰缝制工艺中的一种。常用于睡衣、衬裤、中式服装、丝绸服装以及时装的特殊设计。

1. 滚　亦称滚边。既是处理衣片边缘的一种方法，也是一种装饰工艺。滚边按宽窄形态分，有细香滚、窄滚、宽滚、单滚、双滚等多种。按滚条所用的材料及颜色分，有本色本料滚、本色异料滚、镶色滚等。按缉缝层数分，有两层滚、三层滚、四层滚等。

（1）细香滚：滚边宽度为0.2cm左右，呈圆形，与细香相似。

（2）窄滚：滚边宽度在0.3cm以上1cm以下。

（3）宽滚：滚边宽度在1cm及1cm以上。

（4）单滚：只有一条滚边。

（5）双滚：在第一条滚边上再加滚一条滚边。

（6）本色本料滚：使用与面料相同颜色的同样材料形成的滚边。

（7）本色异料滚：使用与面料相同颜色的其他材料形成的滚边。

（8）镶色滚：使用与面料不同颜色的同样材料形成的滚边。

（9）两层滚：滚条缉上后，面料与滚条均不扣转，只缉牢面料及滚条料各一层。

（10）三层滚：为防止面料纱线脱散，在缉滚条时，先将面料扣转后缉牢面料两层及滚条一层。常用于细香滚及边缘易脱散的面料。

（11）四层滚：为防止面料与滚条脱散以及使滚条料外观厚实，在缉滚条时要将面料与滚条料扣转后缉线，缉牢面料和滚条料各两层。常用于细香滚及边缘易脱散的面料。

（12）夹边滚：用夹边工具把滚条料一次缝合后夹在面料上，正反两面都有缉线可见，既省线又省工。

2. **嵌**　也称嵌线，是处理、装饰服装边缘的一种工艺。嵌线按缝装的部位分，有外嵌、里嵌等。

（1）外嵌：缝装在领、门襟、袖口等止口外面的嵌线，是应用最普遍的一种嵌线。

（2）里嵌：指嵌在滚边、镶边、压条等里口或两块缝料拼缝之间的嵌线。

（3）扁嵌：指嵌线内不衬线绳，因而呈扁形的嵌线。

（4）圆嵌：指嵌线内衬有线绳，因而呈圆形的嵌线。

（5）本色本料嵌：用本身面料做嵌线。

（6）本色异料嵌：用与面料颜色相同的其他材料做嵌线。

（7）镶色嵌：用与面料颜色不同的同样材料或其他材料做嵌线，大都是按主花镶色配嵌线，色泽谐调。

3. **镶**　主要指镶边与镶条。镶边，从表面上看，有时与滚边无异，其主要区别是滚边包住面料；而镶边则与面料对拼，或在中间镶一条，即嵌镶，或夹在面料的边缘缝份上，即夹镶。

4. **宕**　即宕条。指做在衣服止口里侧衣身上的装饰布条。宕条的做法有单层宕、双层宕、无明线宕、一边明线宕、两边明线宕等。式样上有窄宕、宽宕、单宕、双宕、宽窄宕、滚宕等多种。宕条的颜色一般为镶色，也可以同时采用几种颜色。

（1）单层宕：先将宕条的一边扣光后，按造型的宽窄缉在面料上，然后驳转。

（2）双层宕：先将宕条双折，烫好后按原来的宽窄缉在面料上，然后驳转。

（3）无明线宕：第一道车缝后翻转过来，再用手工缲，两边均无明线可见。

（4）一边明线宕：第一道车缝反过来缉，驳转宕条后采用明缉，在宕条一边产生明线。一般缉明线的一边在里侧。

（5）两边明线宕：也称双线压条宕，在宕条的两边均缉明线。

（6）窄宕：宕条宽度在1cm以下。

（7）宽宕：宕条宽度在1cm以上。

（8）单宕：只宕一根宕条。

（9）双宕、三宕：平行宕两条或三条等。

（10）宽窄宕：指两条或多条宽窄不同的宕条做在一起，如一宽一窄宕、二宽二窄宕等。

（11）一滚一宕：在滚条里口再加一根宕条。

（12）一滚二宕：在滚条里口再加两根宕条或多条。

（13）花边宕条：用织带花边代替宕条材料，既方便又增加花色。

（14）丝条宕条：用丝条直线宕条或编排成图案形状。

5. **缉花、缉字**　缉花是丝绸服装上常用的一种装饰性工艺。一般有云花、人字花、方块花、散花、如意花等图案。缉花时，在原料下面需垫衬棉花及皮纸，亦可以用衬布代替。需缉花的领子、克夫可不用衬布。

（1）云花：因花型像乱云，故亦称云头花。按花型的大小稀密可分为密云花、中云花、稀云花、大云花等多种。常用于衣领、口袋、袖口等部位。

（2）如意花：常用于门襟、开衩等部位的缉线装饰。

（3）缉字：将字画在纸上，再将纸覆在衣料上按照字形缉线，缉线后将纸除去。常用于前胸、后背等部位的装饰。

第四节　省缝的处理

一、省的缝法

车缝省道，正确的缝法是从布边开始，开始处须打回针，车缝到省尖时不打回针，以打结方式固定防止脱线，见图1-62。

烫省时，省尖置于布馒头（圆形熨烫台）上回旋压烫，见图1-63。

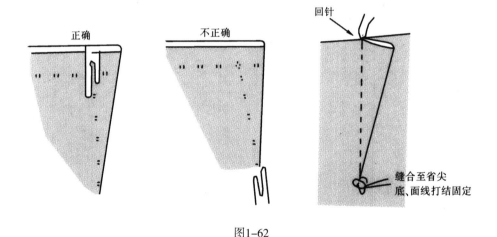

图1-62

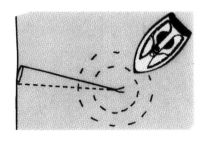

图1-63

二、薄料时省的处理

1. **省份一边倒压烫**　见图1-64①。
2. **省份分烫**　见图1-64②。

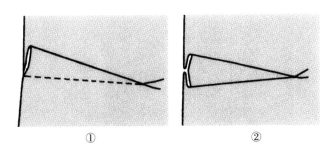

①　　　　　　　　　　　②

图1-64

三、厚料时省的处理

为使服装正面看上去平顺，当面料较厚时，省的处理可采用剪开或垫布等方法。

1. **剪开分烫法**　见图1-65。具体操作步骤：

（1）剪开省缝份，剪到距省尖1~2cm处。

（2）用熨斗分烫开，若无里布时，可对省缝份进行缲缝锁边。

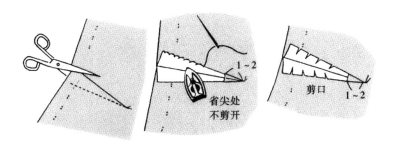

图1-65

（3）省的缝份大或弧形省时，需在省缝份上打剪口后再分烫。

2. **垫布法**

方法一：见图1-66。适合薄型或中厚型的面料。具体操作步骤：

（1）裁一小片本色面料，形与省道同。

（2）车省时，将此省形布垫在省下对齐缲线。

（3）然后省道与垫布分别朝一边倒。

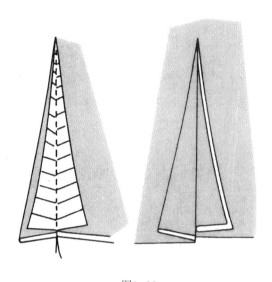

图1-66

方法二：见图1-67。具体操作步骤：

（1）裁一小片本色面料，长超出省长约1cm。

（2）将垫布放在省下车省。

（3）在省尖处，将垫布打剪口，省尖以上的垫布朝一边烫倒。

3. **剪开、垫布混用法**　适合中厚型的面料，见图1-68。

（1）车省时，在距省尖约2cm处垫一小片本色面料，长4cm，宽3cm左右。

（2）将垫布以上的省道剪开，分烫垫布后的省份，打剪口后朝一边烫倒，垫布在省尖位置打剪口后朝一边烫倒。

图1-67

图1-68

第五节　缝边的处理方法

缝边的处理方法主要包括两类：合缝的缝边处理和底边的缝边处理。

一、合缝的缝边处理

合缝方式主要有弧线、直线两种。

1. **弧线合缝的处理方法**　弧线形的合缝在服装上主要表现为公主线、加贴边的领围、袖围等部位，其处理方法可根据面料的厚薄加以选择。

（1）一般性面料：拼合后缝份修剪成0.5cm，在弧度较大的部位斜向打最小限度的剪口，见图1-69①。

（2）透明薄型面料：拼合后缝份修剪成0.3cm，不必打剪口，拉直缝份即可。

（3）厚型面料：拼合后缝份修剪成0.5～0.7cm，在弧度较大部位，两个缝边稍微错开斜向打剪口，以减少对表面的影响，见图1-69②。

2. **直线合缝的处理方法**　直线合缝在服装中应用得最广，其处理方法也很多，应根据其加工方法及面料的类型分别选用，以下具体介绍几种常见的处理方法。

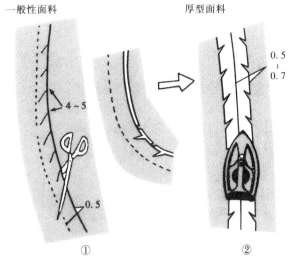

图1-69

（1）特种机缝：缝合后，将布边切去，见图1-70①。常用于不脱线的面料，如涂层、皮革等服装面料。特种机缝后，将布边折起来，进行一般机缝，见图1-70②。

（2）锁边缝：将多余的缝份剪去，然后用锁边机锁边，这是最常用的缝份处理方法，其适用面较广，见图1-71。

（3）边端车缝：把缝边边缘折进去0.5cm后，再缲0.2～0.3cm的线将缝边固定，见图1-72。多用于比较薄的棉、麻、化纤面料的缝份处理。

（4）包缝法：根据面料厚薄的不同，有三种处理方法。

①薄型面料包缝法，见图1-73。将上层衣片的缝份放0.7cm，下层衣片的缝份放

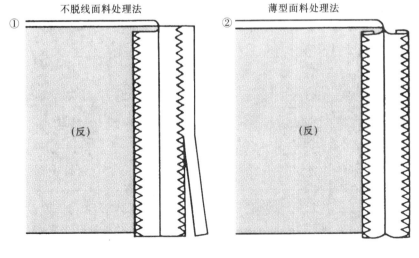

图1-70

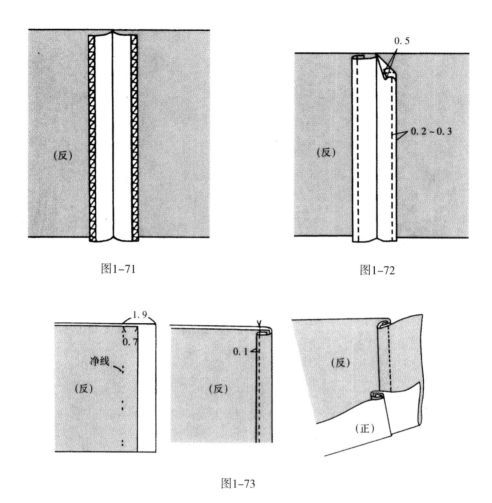

图1-71

图1-72

图1-73

1.9cm。把下层缝边多出的量向上翻转包住上层衣片的缝边，同时沿边车缝0.1cm的线加以固定。在衣片反面能看到一条缝线，而正面则看不到缝线。

②中厚型面料包缝法，见图1-74。缝料正面相对，按净线车缝后，将其中一片的缝份剪去1/2或稍比1/2多一些（或最初裁剪时，使两片的缝份有一定的差），如图1-74①。使缝份宽的一片包住缝份窄的一片，然后将缝份朝缝份窄的一片倒，之后进行熨烫，见图1-74②。然后从反面压明线，见图1-74③。

③厚型面料包缝法，见图1-75。按图示分别固定上、下层衣片的缝边；将上、下层衣片展开分成左右面，然后按图示车缝两条线固定。

（5）来去缝法：如图1-76所示，适合于透明、容易毛边的布料的缝制。

（6）劈烫缉缝法：将缝料正面相对进行合缝后，熨烫分开的缝份，将缝份的边缘分别折进0.5cm，左、右缝份烫平固定后，从正面压明线，见图1-77。适用于厚度适中的布料。

（7）劈烫斜卷缝法：将缝料正面相对车缝后，分开缝份烫平，然后进行斜卷缝，见图1-78。适用于不透明、有一定厚度且不易毛边的布料。

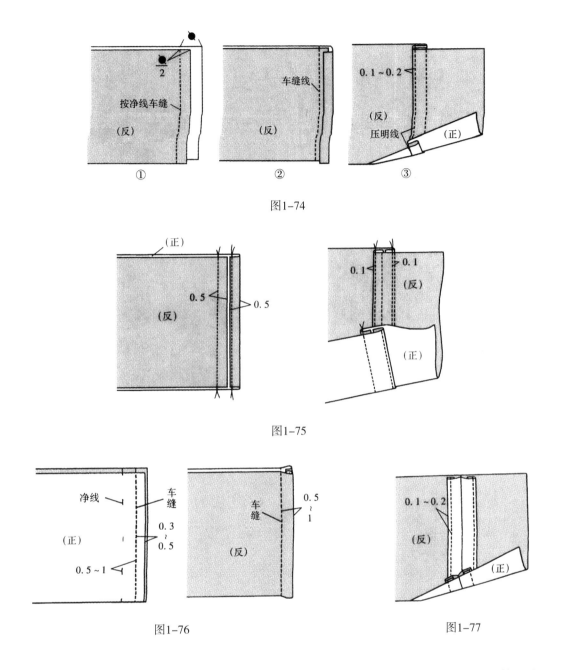

图1-74

图1-75

图1-76

图1-77

（8）锯齿剪切法：将分开后的缝份锯齿剪切后，缝份的边端成为斜向，不易毛边。也有先将缝份作锯齿剪切，再将其置于布料表面，然后压明线。此方法不适用于易毛边的布料，见图1-79。

（9）滚边缝法：滚边缝是采用斜布条对缝边进行滚边处理的一种方法，适用于高档服装面料的缝边处理。

①滚边斜条的裁剪与制作。裁剪，见图1-80。作为滚边用的斜条要采用薄型的布料，如羽纱、尼丝纺、细薄棉等；取正斜方向，使斜条与经纬向成45°进行裁剪。斜条宽度取2.5~3.5cm。

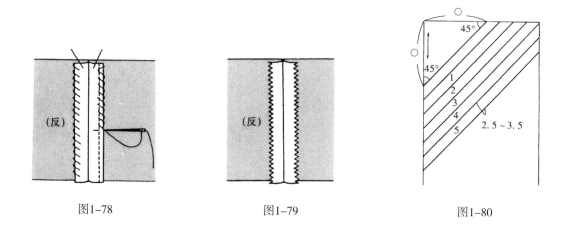

图1-78　　　　　　　　　图1-79　　　　　　　　　图1-80

制作，见图1-81。将斜条的边端对齐，进行车缝拼接，然后将缝份分开烫平，剪去多余的量。若裁剪成长斜条时，将全部缝合在一起，做上标记，然后裁剪，见图1-82。

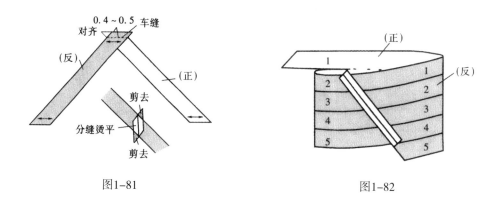

图1-81　　　　　　　　　　　　图1-82

②滚边方法一，见图1-83，适用于中厚型面料。先将衣片正面向上，把缝边与滚边斜条拼合车缝0.5cm。翻转滚边布，在衣片正面紧靠滚边布的边车漏落缝。将滚好边的两片衣片正面相对，同时对齐缝份上的滚边布，连同滚边布一起车缝1.5cm的缝份。然后将衣片的缝份分开烫平即可。

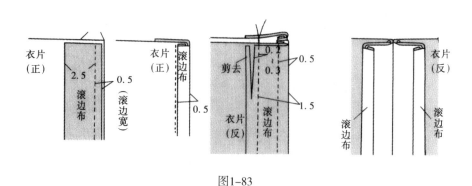

图1-83

③滚边方法二，见图1-84，适用于薄型面料。先将两片衣片缝合，然后将滚边布放在衣片缝边的下侧，沿缝边车0.4cm的线。然后将滚边布翻转烫成所需的宽度。再将烫好的滚边布翻转包住两层衣片的缝边，在滚边布上车0.1cm的明线。

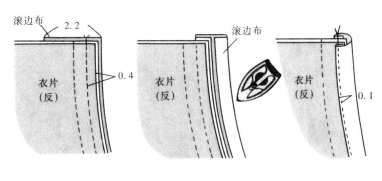

图1-84

④滚边方法三，见图1-85，适用于厚型面料。先分别将衣片的缝边与滚边布缝合，缝份为0.5cm。翻转滚边布，在衣片正面紧靠住滚边布处车漏落缝固定。然后将缝制好滚边布的两片衣片，沿净样线车缝，再分缝烫平，最后将缝边上的滚边布与衣片用缲针固定。

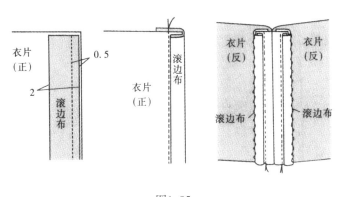

图1-85

二、底边的处理

底边的处理方法是随面料厚薄、质地不同，底边轮廓不同而不同。以下介绍其处理方法。

1. 薄型面料的底边处理方法

（1）三折边后车明线：不完全三折缝，适用于不透明的面料，见图1-86①；完全三折缝，适用于透明的面料，见图1-86②。

（2）折缝后明缲针固定：见图1-87。先将底边折边缝份折进0.5cm车缝固定，再折出底边折边宽度，用明缲针固定。

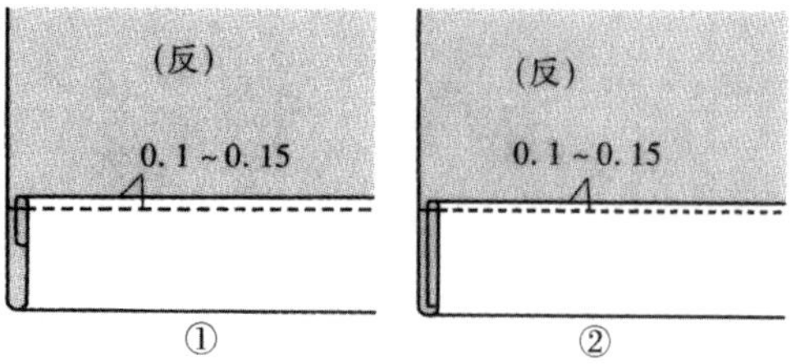

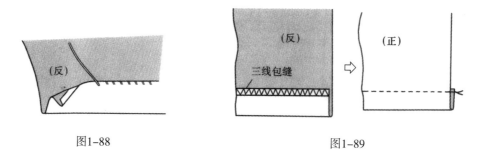

图1-86 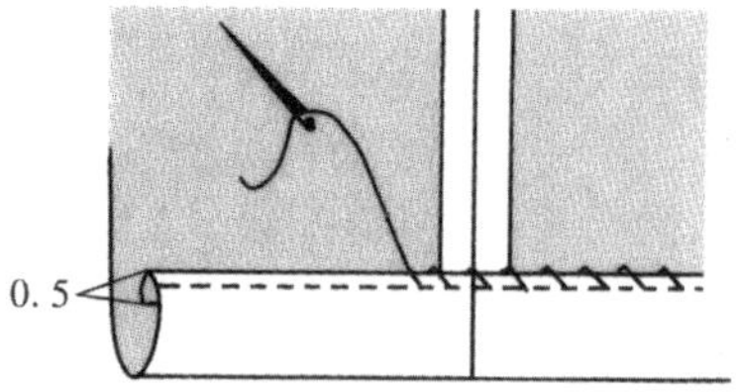　　　　　　　　　　　　　图1-87

（3）折烫后明缲针固定：见图1-88。烫好折边缝份后，再用明缲针将底边折边与衣片固定。注意缲针的线要放松。

（4）锁边后车明线：见图1-89。

图1-88　　　　　　　　　　　　　图1-89

2. 厚型面料的底边处理方法

（1）锁边后手针缝：见图1-90。将底边毛边用包缝机锁边，再用手针绷缝或暗缲缝的方法固定。

（2）固边缝后暗缲缝：固定缝边后做手针绕缝，再采用手工暗缲针的方法，见图1-91。做0.5cm的固边缝，不折边，用左手握住底边折边，用细针绕缝锁

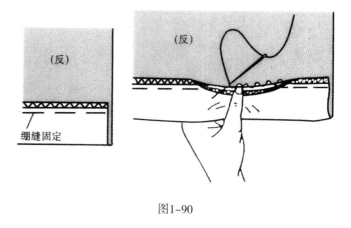

图1-90

边。在缝边往里0.8cm处用大头针密密地别住。然后边卸大头针边暗缲缝固定，缝线要放松，只缝住面料的二分之一深度。

（3）斜条滚边法：先用斜条滚边车缝包住底边缝边，再用手工缲缝的方法。单层斜条滚边法，见图1-92；双层斜条滚边法，见图1-93，适用于易脱散的厚料。

（4）织带包边后明缲缝：见图1-94。利用织带包边，然后手工明缲固定。

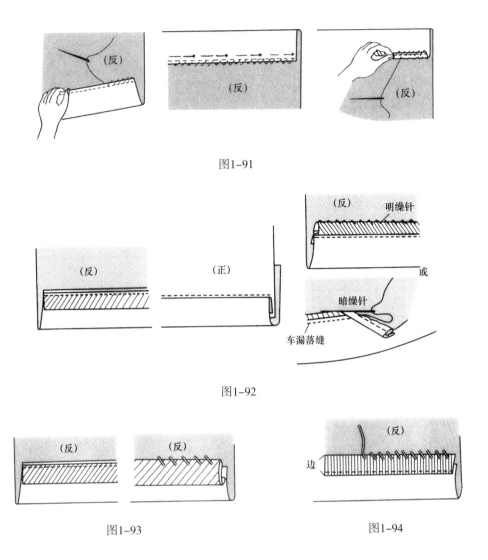

图1-91

图1-92

图1-93　　　　　　　　　　　图1-94

（5）剪花边后三角针：见图1-95。先用花边剪刀剪出花边后，再用手工三角针固定底边折边。适用于缝边不易脱散的厚料。

3. 弧度较大的底边处理方法

（1）抽褶后手缝：见图1-96。在弯曲度大的地方沿边缘用长针车缝一道，将多余的量进行抽褶处理，然后再用手工缲针或三角针固定底边折边。

（2）取省后手缝：见图1-97。缝薄料时，可在缝边上取小省，省尖不要达到底边折

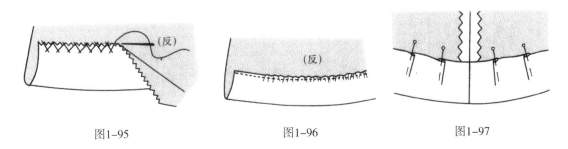

图1-95　　　　　　　　　图1-96　　　　　　　　　图1-97

边边缘。用熨斗烫死省迹，然后用手工缲缝固定。

4. 有里布的底边处理方法

（1）暗缲针法：见图1-98，适用于精制西服、套装等。先将面布的底边折边折好，用三角针固定，然后将里布的底边折边也烫折好。将面布与里布的底边缝份对正后，用大头针或绷缝固定，再将里布底边掀起直到用大头针别住的地方，用暗缲针加以固定。

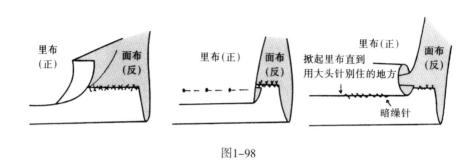

图1-98

（2）面布与里布底边合缝法：见图1-99，适用于女套装、男西服等。先将面布、里布的底边缝边合缝，再用三角针加以固定。烫出里布底边。

（3）里布底边不与面布底边缝合：将面、里布底边分别缝制，面布可采用单层滚边法处理底边，里布底边采用折缝法固定，见图1-100，适用于大衣、风衣、外套等服装。里布与面布的底边采用拉线襻的方法加以固定。

图1-99   图1-100

（4）面布与里布底边重叠缝合法：适用于棉袄、夹克等休闲服装。图1-101①为薄料的底边处理，图1-101②为厚料的底边处理。

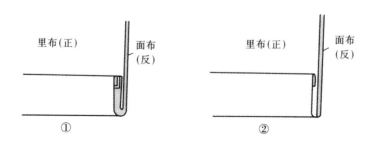

图1-101

第六节　熨烫工艺的基本知识

熨烫技术和技巧作为服装制作的基础工艺和传统技艺，在缝制技术和工艺中占有重要地位。从衣料的整理开始，到最后成品的完美形成，都离不开熨烫，尤其是高档服装的缝制，更需要运用熨烫技艺来保证缝制质量和外观造型的工艺效果。服装行业用"三分缝制七分熨烫"来强调熨烫技术在服装缝制过程中的地位和作用。

一、熨烫工艺的作用

在服装缝制的过程中，熨烫工艺从原料测试、预缩到成品整形贯穿始终。它的主要作用有以下四个方面：

1. **原料预缩**　在服装缝制前，尤其是毛料和棉、麻、丝等天然纤维织物，要通过喷雾、喷水熨烫等不同方法，对面、辅料进行预缩处理，并烫掉折印、皱痕，得到平整的衣料，为排料、画样、裁剪和缝制创造条件。

2. **热塑变形**　通过运用推、归、拔等熨烫技术和技巧，塑造服装的立体造型，弥补结构制图没有省道、撇门及分割设置等造型技术的不足，使服装立体、美观。

3. **定型、整形**

（1）压、分、扣定型：在半成品缝制过程中，衣片的很多部位要按工艺要求进行平分、折扣、压实等熨烫操作，如折边、扣缝、分缝烫平等，以达到衣缝、褶裥平直，贴边平薄贴实等持久定型。

（2）成品整形：通过整形熨烫，使服装达到平整、挺括、美观、适体等成品外观形态。

4. **修正弊病**　利用织物纤维的膨胀、伸长、收缩等性能，通过喷雾、喷水熨烫，修正缝制中产生的弊病。如对缉线不直，弧线不圆顺，缝线过紧造成的起皱，小部位松弛形成的"酒窝"，部件长短不齐，止口、领面、驳头、袋盖外翻等弊病，都可以用熨烫技巧给予修正，以提高成衣质量。

二、熨烫工艺常用工具

1. **电熨斗**　常用的电熨斗为蒸汽熨斗，并装有自动调温器，旋转刻度盘旋钮，能将熨斗调到所需温度。其又分为"自身水箱式滴液"蒸汽熨斗、"挂瓶式滴液"蒸汽熨斗以及电热蒸汽熨斗。

2. **熨烫台板**　一般要求台板大小能便于一条裤子或一件中长大衣的铺熨工作，台板以5~6cm厚且不变形为宜，高度以方便工作为准，根据一般情况，台板尺寸为长110~120cm，宽80~100cm，高为100cm为宜。

3. **台板熨烫垫呢** 通常是用双层棉毯（或粗毛毯），上面再蒙盖一层白棉布。白棉布使用前应将布上的浆料洗去，然后将垫毯、白棉布固定在台板上。

4. **布馒头** 为了熨烫服装的凸出部位，如上衣的胸、背、臀等造型丰满的部位所需的辅助垫烫工具，采用棉布包裹锯末做成，见图1-102。

5. **铁凳（又称馒形凳）** 主要用于肩缝、前后肩部、后领窝、袖窿等不能平铺熨烫的部位，见图1-103。

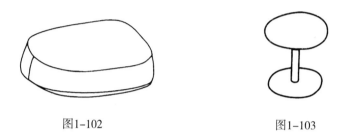

图1-102   图1-103

6. **马凳** 用于熨烫裤子腰头、裤袋、裙子、衣胸等不宜平烫部位的辅助工具（它可以代替布馒头），见图1-104。

7. **袖凳** 常用于熨烫裙子的裙裥、裤子的侧缝、袖缝等，见图1-105。

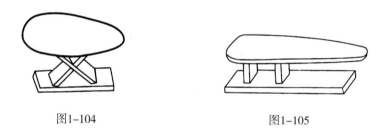

图1-104   图1-105

8. **拱形烫木（俗称驼背烫板）** 熨烫半成品袖缝等弧形缉缝的木制辅助工具，见图1-106。

9. **喷水器、水刷、水盆** 喷水器是加湿熨烫定型处理的喷水用具。通常也用水刷、水盆等工具进行加湿，见图1-107。

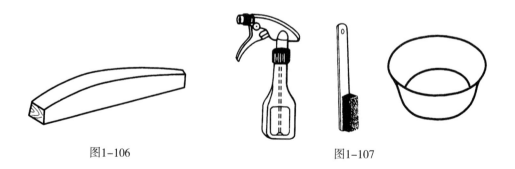

图1-106   图1-107

10. **水布（也称烫布）**　它是熨烫服装，特别是呢绒服装的必备品。为了保证熨烫质量，并使服装的各个部位在高温熨烫中不出现极光和被烫黄、烫焦等质量事故，熨烫中需要加盖水布。水布可用一层，但以干、湿两层水布为佳（干布在下、湿布在上）。水布以去浆后的白色细棉布为宜。

三、服装缝制半成品熨烫技术

半成品熨烫的基本技法和主要内容　服装缝制过程中的熨烫技术，主要是对半成品进行的边缝制、边熨烫，俗称"小烫"。半成品熨烫在各个环节、各道工序、各个部位随时进行，它是获得优良成品质量的前提和基础。其基本熨烫技法有三种：分缝熨烫技法、扣缝熨烫技法和部件定型熨烫技法。

（1）分缝熨烫技法：服装缝制作业量最大的是"缉缝"。为了使半成品平顺、服帖、平整，在缝制过程中要随时进行"分缝"，即把缝子按造型、结构需要进行分缝熨烫，使缝份分匀、烫平、烫实。根据不同部位的造型需要，分缝熨烫基本有三种熨烫技法和形式，即平分缝、伸分缝和缩分缝。

①平分缝熨烫技法：把缉好的衣缝不伸、不缩地烫分开，烫实、烫平挺。常用于裙子的侧缝、裤子的侧缝以及直腰式上衣的摆缝等。

熨烫技法：用熨斗尖缓缓地向前移动，将缝份左右分开，然后盖上水布，用有蒸汽的熨斗逐渐向前压烫。操作时左右手配合，左手配合熨斗的前进、后退，不断掀、盖水布（为散发水汽）；右手随水布的掀、盖节奏，将熨斗做前进、后退的往复移动熨烫（盖时前进，掀时后退），直至将缝份分开、烫平、烫实为止，见图1-108。

②伸分缝熨烫技法：在分缝熨烫时，一边熨烫，一边将缝子拉伸。主要用于裤子的下裆缝、袖子的前偏袖缝等衣缝，使之缉缝后符合人体的立体造型，做到不紧、不吊、服体。这种缝子的特点都为内凹弧线。

熨烫技法：向前进行劈缝熨烫，不握熨斗的手应拉住缝份配合，使缝子分平、分匀、烫实，达到伸而不吊、长而不缩的分缝效果，见图1-109。

③缩分缝熨烫技法：主要用来烫分上衣衣袖的外偏袖袖缝（俗称胖缝）、肩缝，裙子、裤子侧缝中的外凸斜弧形缝。在熨烫时，为了防止把缝子伸长、拉宽，应将熨烫部位的缝子放置在铁凳或拱形烫木上熨烫。

熨烫技法：用不握熨斗的手的中指和拇指捏住衣缝缝份两侧，再用食指对准熨斗尖稍

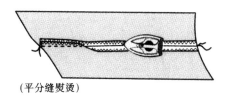

（平分缝熨烫）

图1-108

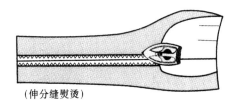

（伸分缝熨烫）

图1-109

向前推与分烫前进的熨斗协调配合，边分开缝份，边熨烫。控制缝份在分开、烫平、烫实时不伸长，斜丝缕不豁开、不拉宽，见图1-110。

（2）扣缝熨烫技法：在服装半成品缝制过程中，经常要进行扣缝、折边、卷贴边等扣缝作业。这些扣、折、卷作业只有经过扣缝熨烫，才能平服、整齐，便于机缝或手工缲缝。扣缝熨烫主要有三种技法：平扣缝熨烫、归扣缝熨烫和缩扣缝熨烫。

①平扣烫技法：即平扣缝熨烫，简称平扣缝，常用于裙子或裤子的腰头缝制。首先必须用平扣缝的方法将腰头两侧的毛边扣折烫压为光边，而且要扣烫平顺、服帖、压实。

熨烫技法：以腰头为例，将腰头料靠身一边放平，用不握熨斗的手的食指和拇指把腰头料靠外边的折缝按规定的宽度折转，边往后退边折转；同时，另一只拿熨斗的手用熨斗尖，轻轻地跟着折转的折缝向前徐徐移动、压烫，然后用整个熨斗的底板，稍用力地来回熨烫（必要时垫水布），见图1-111。

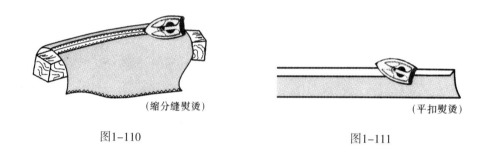

（缩分缝熨烫）　　　　　　　　　　　　　　（平扣熨烫）

图1-110　　　　　　　　　　　　　　　　　图1-111

②归扣烫技法：归扣熨烫，多用于有弧形或弧形较大的上衣、大衣或裙子等的底边、贴边的翻折扣烫。其目的是使底边、贴边的翻折宽窄一致，并且平整、服帖，具有和人体体型圆弧相适应的"窝服"（不豁、不向外翻翘）。因此，必须将底边、贴边进行边翻折、边归缩扣烫。

熨烫技法：扣烫时，首先将底边、贴边按翻折宽度翻折过来，再用不握熨斗的手的食指按住翻折的底边、贴边；另一只手用熨斗尖在折转的底边、贴边折缝处进行归扣熨烫。扣烫时，双手要配合默契。注意不握熨斗的手的食指在按住翻折过来的底边不断向后退的同时，还要有意识地将按住的折翻底边、贴边往熨斗尖下推送，使熨斗在前进的压烫中，将底边或贴边的弧线形归缩定型，平服烫实，见图1-112。

③缩扣烫技法：缩扣熨烫和归扣熨烫相似，都是使熨烫部位收缩，但收缩程度不同，技法也有差异。缩扣烫多用在局部的小部位，如衣袋扣烫圆角、衣袖袖窿吃势的扣烫等。

熨烫技法（以扣烫衣袋圆角为例）：先在衣袋圆角处用大针距从缝边距净线0.3cm处缉缝一道线，抽缩，使圆角收缩成曲势。扣烫时，将净样模板放在袋布上面，先将衣袋两侧的直边扣烫平直，再扣烫衣袋圆角。

把袋口放在靠身一侧，用熨斗尖侧面把圆角处缝份逐渐往里归缩熨烫平服。要求里外平服，里层不能出现褶裥印子，见图1-113。

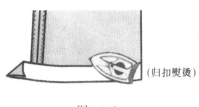

（归扣熨烫）

图1-112

（缩扣熨烫）

图1-113

（3）部件定型熨烫技法：在半成品缝制过程中，一些部件和零件都要边缝制、边进行熨烫定型，为下一道缝制工序创造条件，也为整件服装良好的工艺和质量打好基础。

半成品部件和零件的定型熨烫，主要运用分烫定型、压烫定型、伸拔烫定型和扣烫定型四种熨烫技法。

①分烫定型技法：分烫定型的操作方法基本与分缝熨烫相似。不同的是这种分烫定型主要运用于一些细小部位、特殊部位，如嵌线、扣眼、省道等的分烫定型。它有自己的特殊操作熨烫方法和要求。现以省道缝份分烫定型为例说明。

熨烫技法：将衣片摆平，布丝摆直顺，剪开省道。从剪开处插入手针，以便顺直分烫省尖。从省的最宽处起烫，省缝必须分开烫实，省尖部位出现的泡印必须归烫平服，见图1-114。

②压烫定型技法：多用于半成品部件边缝止口和褶裥的压烫定型。主要要求烫实、烫薄，见图1-115。

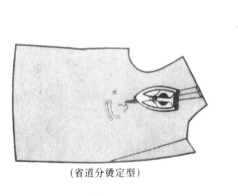

（省道分烫定型）

图1-114

（褶裥压烫定型）

图1-115

③伸拔烫定型技法：半成品缝制过程中的归、拔熨烫定型的两个主要作用：一是在缝制过程中巩固裁片大部件的推、归、拔、烫塑型效果；二是对一些部件进行特殊需要的伸拔定型，如对裤腰、裙腰进行的伸拔熨烫定型。现以裤腰头的弧形伸拔熨烫定型为例说明。

熨烫技法：熨斗沿腰头上口箭头方向进行弧形熨烫。不握熨斗的手按箭头方向将腰头上口边进行弧形拉伸，双手配合进行伸拔熨烫定型，见图1–116。

④扣烫定型技法：与前述扣烫技法一样，只是重点用于小部件、小零件，如串带边按规定要求进行翻折，熨斗随即跟进，进行压扣烫定型，见图1–117。

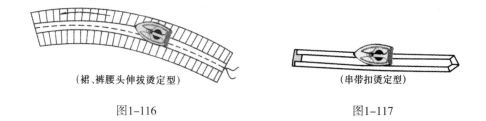

<table>
<tr><td>（裙、裤腰头伸拔烫定型）</td><td>（串带扣烫定型）</td></tr>
<tr><td>图1–116</td><td>图1–117</td></tr>
</table>

四、熨烫工艺的基本原理及注意事项

熨烫本质上是利用纤维在温热状态下能膨胀伸展和冷却后能保形的物理特性来实现对服装的热定型。

对衣片进行加湿、加温、加压，使其通过塑型达到定型的过程，基本遵循以上三个原理分阶段完成。

1. **给湿加温原理**　运用熨烫工具对衣片给湿（喷雾、喷水），再给热升温。给湿后水分能使织物纤维膨胀；给热升温后水变为热蒸汽，加快了热气的渗透和传递，使衣片的织物纤维均匀受热，增加纤维大分子的活性，从而有利于衣片塑型和定型。

2. **加压原理**　运用熨斗、熨烫机械给衣片加湿、加温的同时，还要进行加压。经蒸汽加湿、加热的织物纤维在压力的作用下，才能按预定需要进行伸直、弯曲、拉长或缩短，便于塑型和定型。

3. **冷却原理**　衣片经过一定时间的加湿、加温和加压，再通过快速干燥和冷却，去除衣片中的水汽，使织物纤维的新形态固定，从而完成衣片的塑型。

显然，熨烫过程中包含了三个要素：温度、水分和压力。表1–5列出了常用纤维的熨烫温度，可供参考。

了解了熨烫工艺的基本原理后，在实际操作时，还必须注意以下事项：

表1–5　常用纤维的熨烫温度　　　　　　　　　　　　单位：℃

衣料名称	喷水熨烫温度	盖水布熨烫温度
全毛呢绒	160～180	170～180
混纺呢绒、化纤织物	140～150	150～160
真丝织物	120～140	140～160
全棉织物	150～160	160～180

（1）要注意服装材料的性能，选择适当的熨烫温度。

（2）通常尽可能在衣料反面熨烫，若在正面熨烫，一般要盖上水布，以免烫黄或烫出极光。

（3）熨斗应沿衣料经向缓慢移动，这可以保持衣料丝缕顺直，使热量在纤维内渗透均匀，让纤维得到充分的膨胀和伸展。

（4）熨烫时压力的大小要根据材料、款式、部位而定。像真丝、人造棉、人造毛、灯芯绒、平绒、丝绒等材料，用力不能太重，否则会使纤维倒伏而产生极光；而像毛料西裤挺缝线（亦称烫迹线）、西服止口等处，则应用力重压，以利于折痕持久，止口变薄。

第七节　缝纫辅助设备和服装生产模板

在服装业竞争空前激烈的今天，要想立于不败之地，提升产品的核心竞争力是关键，而提高生产的效能是其中重要而有效的一点；如今，已有不少生产企业突破重围，取得了显著的成果，不需要购置大型的自动机械设备，就能大幅提升生产效率。这其中主要包含缝纫辅助设备与生产模板，它们有着同样的作用，即显著地提高生产速度和产品质量。

一、缝纫辅助设备

缝纫辅助设备发展到今天，已从单个工序使用发展到整条流水线几乎各个工序都有使用，功能也从单一发展到多样化，种类更是多得令人眼花缭乱，下面对重要的缝纫辅助设备进行分类说明。

1. **拉筒**　拉筒的作用是协助单块或多块面料的输送，通过拉筒后面料呈现特定的形状，便于缝制。拉筒主要分为卷边拉筒、埋夹拉筒、嵌线拉筒、对盖拉筒、包边拉筒和其他特殊拉筒。

（1）卷边拉筒：见表1-6。卷边拉筒主要用于单针或双针平缝机，会自动把面料按需要宽度的缝份翻折，并送至压脚处车缝。把两片面料同时卷边的，或折两卷的拉筒被称为"蝴蝶"。

表1-6　卷边拉筒

图例　拉筒名	工艺图	工具图	成品图	说明
散口拉筒				应用于单针平缝机，折布边工艺

续表

图例 拉筒名	工艺图	工具图	成品图	说明
卷边蝴蝶				应用于单针平缝机，袖口、底边等部位
工字褶蝴蝶				应用于双针平缝机，褶深大小可调节
过肩蝴蝶				应用于单针或双针平缝机，前、后过肩单针或双针明线，可省去里面暗线的缝制工序

（2）埋夹拉筒：见表1-7。埋夹拉筒是两个卷边拉筒互卷的组合，一般配以双针平缝机、三针平缝机。

表1-7　埋夹拉筒

图例 拉筒名	工艺图	工具图	成品图	说明
单针埋夹缝制黏合衬蝴蝶				需先用双针锁链平缝机缝制，后用单针平缝机，连黏合衬一起缝合
日字埋夹缝制黏合衬蝴蝶				需用双针、三针埋夹机连黏合衬一次缝制成型

（3）嵌线拉筒：见表1-8。嵌线拉筒是拼缝的面料中间需要嵌线或嵌线中含嵌绳的拉筒工具。

表1-8　嵌线拉筒

图例 拉筒名	工艺图	工具图	成品图	说明
单针嵌线过肩蝴蝶	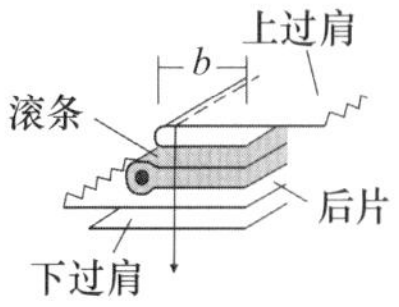			应用于单针平缝机，绱过肩时夹入嵌线

（4）对盖拉筒：见表1-9。对盖拉筒是单层面料两边折边或卷边的拉筒工具。

表1-9　对盖拉筒

图例 拉筒名	工艺图	工具图	成品图	说明
双针袖贴边蝴蝶	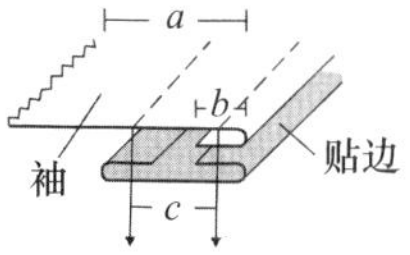		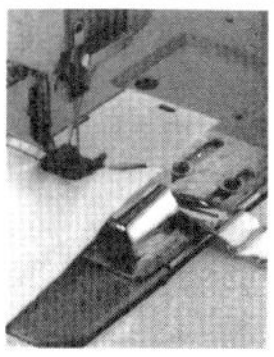	配合应用于双针平缝机，缝合袖贴边、底边贴边等
衬衫明门襟拉筒（加吹风系统）	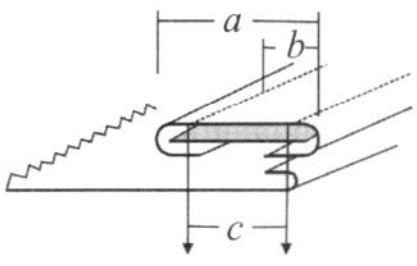	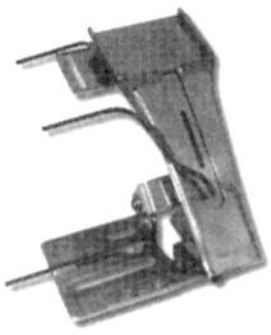		应用于双针或四针缝机，绱衬衫门襟，内含黏合衬，图示中的细管子为吹风系统，帮助收好松散的布边
襻带拉筒	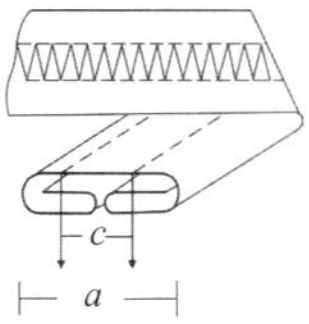			应用于双针缝机，布条一次成型为襻带

（5）包边拉筒：见表1-10。包边拉筒是上下包住面料的拉筒工具。

表1-10　包边拉筒

图例 拉筒名	工艺图	工具图	成品图	说明
包边拉筒	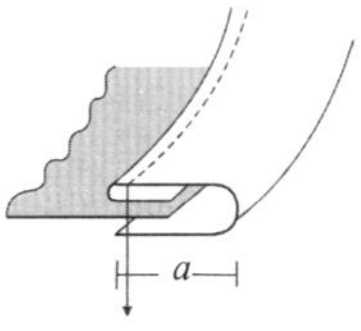			应用于单针平缝机

续表

图例 拉筒名	工艺图	工具图	成品图	说明
裤腰（裙腰）拉筒有黏合衬				应用于双针或四针腰头缝机，缝制裤子、裙子的腰头，腰头内黏合衬一次缝制成型
滚边拉筒				应用于双针或三针绷缝机，针织T恤领、袖等

（6）其他特殊拉筒：见表1-11。其他特殊拉筒是根据工艺需求进行拉筒组合或定制的特殊工具。

表1-11 其他特殊拉筒

图例 拉筒名	工艺图	工具图	成品图	说明
Polo领织带压脚带定位器				应用于单针平缝机，压脚带定位器，可确定缝份宽度

拉筒的形状与功能，与面料厚度、缝份宽度、翻折形式和方向、所用机型及组合的复杂程度有关，并衍生出多种型号，以上仅列出一些代表性型号；同时要求在进行工艺设计时，尽量按标准工艺设计，以最大限度地提高拉筒应用率，降低生产成本。

2. **压脚** 在缝制设备中，压脚是一个车缝的基本配件，但经过改装和加装后，把原先仅用来固定面料的单一功能变得多元化了，如可以高质高效地完成漏落缝、皱缩、装拉链等多种工艺。下面按单针平缝机、双针平缝机和特种缝纫机压脚来说明。

（1）单针平缝机压脚：见表1-12。

表1-12 单针平缝机压脚

图例 压脚名	工艺图	工具图	成品图	说明
单边压脚				靠边缝制，容易控制缝迹的宽度使其保持一致，有左右之分

续表

图例 压脚名	工艺图	工具图	成品图	说明
高低压脚				底部有高低，可有效靠住面料边缘缝制，从而控制缝迹宽度保持一致，有左右之分，有多种缝迹宽度可选
皱缩压脚				缝制后面料产生皱缩，另有底布皱缩面布不皱缩压脚
拉链细边压脚				压脚宽度较细，便于避开拉链齿车线
隐形拉链压脚				底部有凹槽，缝制时拉链在凹槽内通过，使线迹能够准确地压在要求的位置上，此压脚能同时适用于绱拉链的左右边
嵌绳压脚				压脚底留出嵌绳空间，车缝时嵌绳在此空间内通过，可控制缝迹宽度保持一致，嵌绳空间宽度不同有多种压脚可选，有左右之分
折边压脚				在折边宽度较窄时（0.16～0.8cm），可直接用折边压脚，有多种宽度的压脚可选择

（2）双针平缝机压脚：见表1-13。

表1-13　双针平缝机压脚

图例 压脚名	工艺图	工具图	成品图	说明
定位压脚				底部有高低，可有效靠住面料边缘缝制，从而控制缝迹宽度保持一致，有左右之分
折边带装黏合衬压脚（与拉筒合用）	*a* *b*			底部有高低，用拉筒折边后，在缝份上装黏合衬缝制
分缝压脚				压脚底部正中有凸出物，在缝制时能保持分缝，在两侧同时车线，有两种缝迹宽度的压脚可选
双定位压脚				通常与拉筒合用，在折好的定宽布边两侧车线
嵌绳压脚	*a* *c* *b*			压脚底留出嵌绳空间，车缝时嵌绳在此空间内通过，可控制缝迹宽度保持一致，嵌绳空间宽度不同有多种压脚可选，有左右之分
贴条压脚	*a* *c*			带贴条定位装置，依据贴条宽度不同有多种压脚可选
凹槽压脚	针位			压脚底部两针之间有凹槽，可容绳索通过，并在两侧缝制，有多种宽度的压脚可选

（3）特种缝纫机压脚：见表1-14。

表1-14 特种缝纫机压脚

压脚名 ＼ 图例	工艺图	工具图	成品图	说明
高头机侧缝定位压脚	右侧 左侧			靠边缝制，容易控制缝迹的宽度保持一致，有左右之分
多针贴条压脚				压脚可平压，也可折光后缝制贴条，有多种贴条宽度的压脚可选
有脚扣钉扣压脚				用于钉有纽脚的扣子
钉钩扣压脚				用于钉风纪扣

3．其他附件

（1）裁床辅助工具：直线或十字激光灯，产生直线或十字光线投射记号，对条纹布和格子布能简单准确地定位。

（2）自动切唛工具：调整到合适的长度后，机器自动切割成卷的唛。

（3）小烫工具：见表1-15。

表1-15 其他附件

附件名 ＼ 图例	工艺图	工具图	成品图	说明
宝剑头袖衩贴蝴蝶	a			袖衩条裁片放入机器后自动完成折叠压烫

（4）独立定位器：见表1-16。

表1-16　独立定位器

附件名 ＼ 图例	工具图	成品图	说明
T型定位器			用于控制面料笔直前进，定位器可调节距压脚的距离

二、生产模板

1. **模板的概念及其发展历程**　突飞猛进的数字化科技对服装产品的生产方式带来了革命性的变革。服装自动缝纫设备模板应用是服装产业数字化技术的典范，是以服装CAD数字化为核心，通过机械工程手段，实现了服装缝制的智能化。目前，富怡集团研发的多功能自动缝纫设备是目前国际缝纫智能化的先进代表。其工作方法为在模板CAD系统中自由设计各种缝纫模板和缝纫线迹，模板设计完成后，系统自动生成缝纫针迹方案，模板文件输出到模板切割机进行模板切割。缝制时工人只需在模板内按设计放置需缝制的衣片，机器就能自动把衣片送到缝制区域开始缝制。另外，还有多头缝制及带激光裁剪的自动缝纫设备。

服装模板的设计原理起源于模具学中的工装夹具和治具，即用来夹装工件的装置和制造用器具。利用自动化设备在有机胶板上按照工艺缝合的要求设定尺寸开槽，在缝制设备上安装或改装相对应的模板压轮及对应的针板、压脚、送布牙、轨道等工具，实现了按照模具开槽轨迹进行车缝。

服装模板从20世纪60年代在德国开始运用，当时采用不锈钢或铝板的材质，只是在衬衣与西装等定型产品的简单特定工序上使用模板（严格意义上应该算是模具），如袋盖、贴袋等，而且没有定位卡槽以及现在的各种辅助工具，一旦要更改局部款式，就得由德国重新定制模具，定制周期大概需要两个月。1979年，随着第一家服装合资企业进驻我国珠三角，模板技术开始进入中国内地市场，由于企业对技术的严格保密，在很长一段时间并未得到推广。进入2005年以后，服装行业的劳工、原材料等各项成本直线上升，加剧了服装企业对自动化、数字化、智能化生产的需求；服装CAD、CAM数字化设计提高了服装产品开发技术的智能化水平，为服装模板技术的发展打下了坚实的基础。2008年金融危机爆发后，国内服装企业的发展受到较大冲击，在竞争激烈的环境下，服装劳动密集型、智能化低的生产特点，以及新生代工人对高强度工作的抗拒，使服装生产企业对于智能化的全自动模板技术和设备产生迫切的需求。随着招工的越来越难，用工成本急速上升，从2011

年开始，模板的推广已步入高潮，模板技术的应用得到了普及。目前，服装模板技术已经成熟，与之相对应的CAD绘图软件的智能化、模板切割机的高效化，优化了服装模板技术，工艺应用从部件工序到整件工序，从部分类别服装到全部类别服装；模板缝制设备从普通平缝改装机、半自动缝纫机，发展到了全自动智能缝纫机。

2. **模板制作流程** 模板制作流程包括CAD模板设计、模板切割和模板组装，下面以富怡软件为例，制作一个服装袋盖模板。

第一步，用CAD软件将要制作的模板纸样做好，见图1-118。

第二步，做模板开槽设计，见图1-119。图中绿色线内为设计开槽部分。

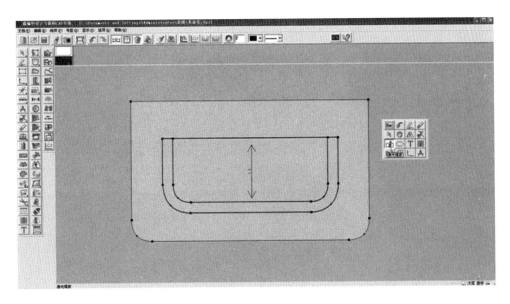

图1-118

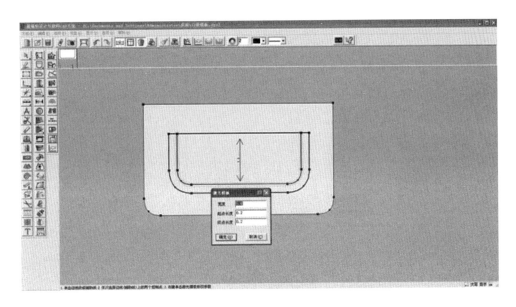

图1-119

第三步，将设计好的模板文件输出。

第四步，输出到模板专用激光切割机，开始切割制作。

第五步，将切好的板材按照工艺粘接组合，模板成型，见图1-120。

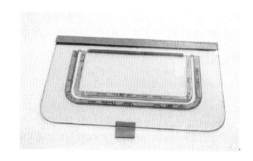

图1-120

3. **用模板缝制的工作原理**　其工作原理是在特殊的针板和压脚配合下，按照模板设定轨道进行缝纫。图1-121为普通平缝机改装需要的针板和压脚等附件。

普通平缝机改装后的外观，见图1-122。

图1-121

图1-122

4. **模板应用的意义**

（1）易招工：对操作工技能要求较低，只要是会控制平缝机的工人，就能做好开袋、装拉链等难度较高的工艺，解决了招工难和工人技术瓶颈的问题。

（2）省工：好的模板设计可以简化工厂流水线作业，节省劳动力，特别是辅工，如画位工、点位工，以帮助企业平衡工人的工资。

（3）提高产品质量：模板的使用使生产成品标准化、程式化、统一化，提升了产品质量，减少了不必要的返修与不良品的浪费。

（4）提高生产效率：有助工厂提升产量、增加效益、降低成本，增强竞争力；采用模板的工序产量普遍提高50%~120%。

5. 模板系统的相关设备

（1）服装模板CAD软件：服装模板CAD软件通常包含模板设计、模板切割和模板缝制三大模块。模板CAD能自由设计任何缝纫模板和缝纫线迹文件，模板设计完成后，能自动生成缝纫针迹。

（2）模板专用激光切割机：因为模板切割的方式方法不同，既有传统的切割方式，也有现代化的激光切割技术。图1-123中的模板专用激光切割机，不仅比传统切割机精度高很多，切割的模板边缘流畅，而且能用上、下排烟结构有效地将生产中产生的热量和有毒烟雾排出室外，改善了工作环境。

图1-123

（3）手推模板缝纫机：与模板同时发展和进步的是模板缝纫设备，在发展的初期，主要是改装原有的平缝机使之能适应模板缝纫。图1-124为利用模板专用压脚、针板改装后的普通缝纫机头。相对来说，手推模板缝纫机性价比较高，但可操作幅面具有局限性。

图1-124

（4）半自动改装模板缝纫机：半自动改装模板缝纫机是结合利用服装模板技术而进行高效生产作业的半自动缝纫设备，主轴电脑控制，缝框电控驱动，缝迹软件编程，多数为电脑花样机或简易数控改装的长臂机等，由于人工辅助操作因此称为半自动改装模板缝纫机，见图1-125。

图1-125

（5）全自动模板缝纫机：见图1-126。全自动模板缝纫机是结合服装模板CAD软件、服装模板以及先进的数控技术进行全自动应用模板生产，提升了生产效率和产品品质，降低了技术工人的技术要求，用自动化程度更高的电脑控制的机器代替了原有的人工操作的缝纫机，减少了对高技能人员的依赖程度。在保证品质的同时，解决产业工人用工短缺与技能缺陷问题，全自动化地完成服装缝制，促进服装模板工艺整体流水线化。

在自动缝纫设备业里，宝盈电脑机械优势较为明显，公司的全自动缝纫机是智能的全自动机电一体化产品，由多领域的技术有机集成研制而成，涵盖了服装制板、绣花制板、

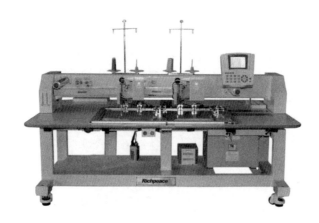

图1-126

电脑电控系统、电脑刺绣、电脑绗缝、激光裁剪及电脑裁剪等多方面的技术，能实现缝纫、裁剪一体化。 桥式多头机（图1-127）能实现多头同步缝制，进一步提高生产工作效率与产品质量。

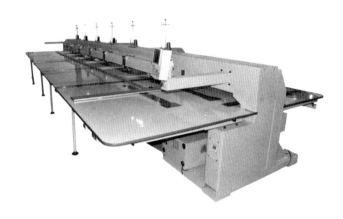

图1-127

思考题

1. 简述手针号码与缝线粗细的关系。
2. 简述手缝针法的种类及应用特点。
3. 简述机针、缝线规格与缝料的关系。
4. 简述缝型的缝制工艺及应用特点。
5. 简述常用省缝的处理方法与面料的关系。
6. 简述各种缝边的处理方法。

作业

1. 运用缝针缝制各种类型针法样品。
2. 缝制各种缝型样品。
3. 选择适当面料缝制各种省缝样品。
4. 选择适当面料缝制各种缝边样品。

第二章 领子

第一节 无领领型

款式A···贴边处理的后拉链圆领口（图2-1）

圆领口是沿着颈部四周的圆形领口线。制图时注意前、后片领线要以缓和的曲线连接，缝制时不要伸长或缩紧，其结构见图2-2。

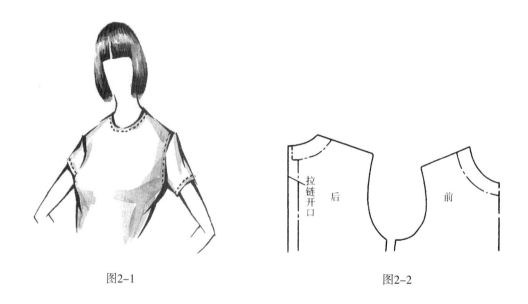

图2-1   图2-2

1. **缝合肩线并烫平** 分别将前后衣片、贴边的肩缝缝合，缝合时要比净样线多缝一针，并用倒回针加固。目的是在翻折领线时，领口不会缩紧，见图2-3。

2. **缝合贴边** 把衣片和贴边正面相对并对正，以0.6cm的缝份缝合，然后在缝份处打剪口，以使贴边翻折时，领口不会缩紧，见图2-4。

3. **缝份向衣片侧翻折** 从完成线折叠缝份，将其往衣片一侧翻折烫平。当贴边翻向衣片反面时，贴边侧里外匀0.1cm，这样不会出现止口外吐。然后在后片中缝装拉链，见图2-5。

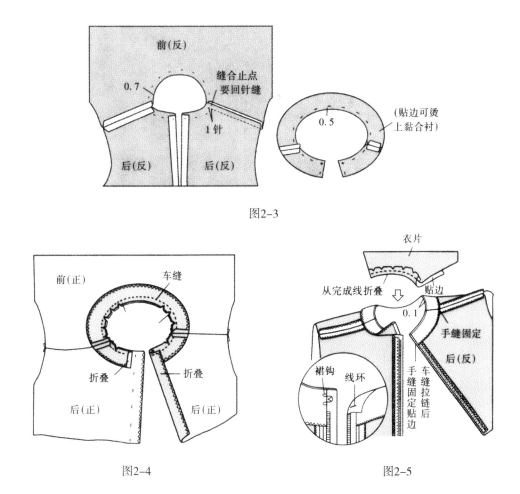

图2-3

图2-4

图2-5

款式B···贴边处理的前开口圆领口（图2-6）

开口长度：以头能够顺利地穿过为开口的最小限度，同时适当考虑实用性，开口不能太大，其结构见图2-7。

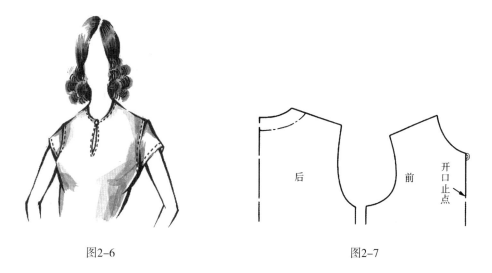

图2-6

图2-7

1. **裁剪衣片和贴边** 为了把前片中心裁成对折边，要把开口位置的缝份拉出来裁剪。以贴边衣片开口处的缝份为基础，将缝份比衣片缝份缩小0.2cm裁剪，见图2-8。

2. **贴衬** 为了防止伸缩和开口处脱线，要在衣片领开口处和贴边上烫黏合衬，见图2-9。

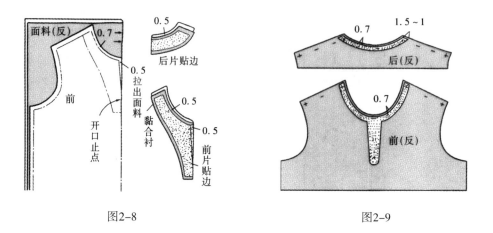

图2-8   图2-9

3. **缝合肩线、衣片和贴边** 尤其对容易脱线的材料或领口不再加车缝线时，开口止点要加两道车缝，使之牢固，见图2-10。

4. **完成领口制作** 在缝合的领口缝份上打剪口，用熨斗将缝份向衣片一侧烫平，再将贴边向衣片反面翻转、烫平，或再车一道装饰线，见图2-11。

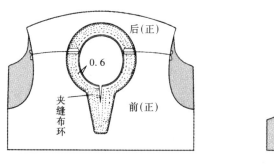
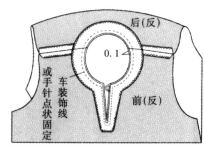

图2-10   图2-11

款式C…与袖窿贴边连裁的圆领口（图2-12）

以上圆领口领型常见于女装或童装中，其肩线有宽有窄，缝制方法常见的有两种。车缝时，注意衣片和贴边的缝份是不同的。

（一）缝制方法一

先缝合领口和袖窿，再缝合肩线，其结构见图2-13。

图2-12

1. **裁剪贴边**　将后片的领省折叠处理，图中的缝份是薄型或中等厚度棉布的尺寸，见图2-14。

2. **分别缝合衣片和贴边的侧缝**　注意衣片的侧缝缝份和贴边的底边处要三线包缝，见图2-15。

3. **缝合领口、袖窿**　分别将衣片和贴边对正后缝合，缝份为0.6cm，并在领口和袖窿靠近肩缝处留出1.2cm左右不缝合，见图2-16。

4. **修整领口和袖窿缝份**　领口和袖窿的缝份打剪口，用熨斗一边整形，一边折叠，将缝份向衣片一侧烫平，见图2-17。

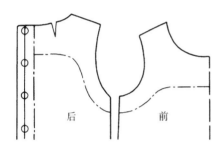

图2-13

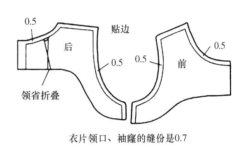

衣片领口、袖窿的缝份是0.7

图2-14

图2-15

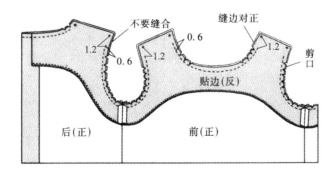

图2-16

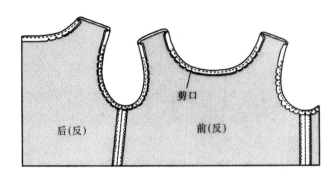

图2-17

5. **翻折贴边** 将贴边向衣片反面翻折，用熨斗烫成里外匀，见图2-18。

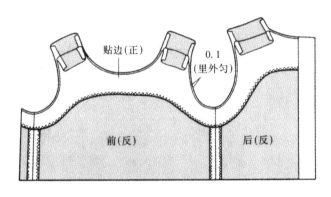

图2-18

6. **缝合肩线** 分别将衣片和贴边的肩线缝合，见图2-19。

7. **缝合领口、袖窿未缝合的部分** 将肩线的缝份分开缝平，并缝合未缝合部分，见图2-20。

8. **修剪整形、熨烫定型** 修剪缝合部分的缝份，然后把贴边翻折到衣片反面，熨烫定型，并车缝明线或手缝固定，见图2-21。

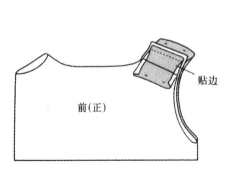

图2-19

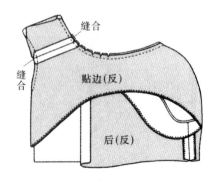

图2-20

（二）缝制方法二

先缝合肩线，再缝合领口、袖窿。以下以毛料（中厚型面料）为例说明缝制过程，其结构见图2-22。

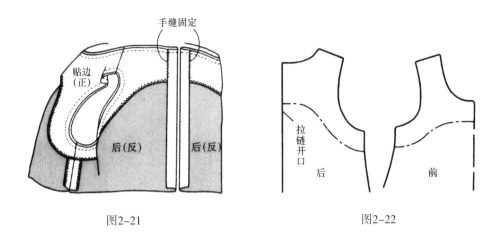

图2-21　　　　　　　　　　　　　　　　图2-22

1. **裁剪贴边**　因为毛料较厚，面布和贴边的缝份相差0.3cm，衣片的缝份为1cm，贴边的缝份为0.7cm。贴边要全部烫黏合衬，见图2-23。

2. **缝合衣片和贴边的领口、袖窿**　首先缝合衣片和贴边的肩线，然后分别对正领口、袖窿的缝份进行缝合，见图2-24。

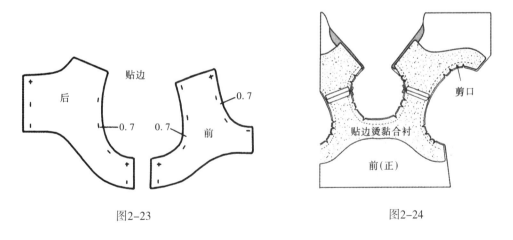

图2-23　　　　　　　　　　　　　　　　图2-24

3. **翻折贴边**　先沿领口、袖窿的缝线往外0.1cm处将缝份折烫成完成状，然后把贴边及衣片从肩往正面翻出，见图2-25。

4. **缝合侧缝线**　把贴边烫成里外匀0.1cm之后，再连续缝合衣片和贴边的侧缝线，见图2-26。

5. **固定领口和袖窿**　为防止贴边露出正面，一定要车缝一道明线，或用手针星点缝固定，见图2-27。

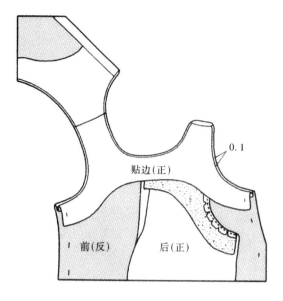

图2-25

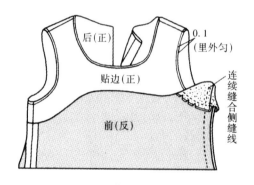

图2-26

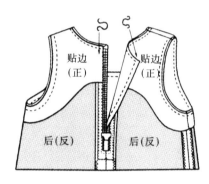

图2-27

图2-28

款式D···贴边处理的V形领口（图2-28）

V形领口在尖角处容易脱线，且领口处是斜丝，容易伸长，故应在领口边缘烫黏合衬使之定型，然后再进行缝制，使得领型美观，其结构见图2-29。

1. **烫黏合衬**　在衣片的前、后领口边缘烫黏合衬，缝合肩线，缝份分开烫平，见图2-30①。

2. **衣片和贴边对正后缝合领口**　在贴边的尖角处烫黏合衬加固，后片开口绱拉链，然后缝合领口，见图2-30②。

3. **翻折贴边**　缝份打剪口，向衣片一侧烫出完成状，然后将贴边向衣片反面翻折，烫出里外匀。领口如果不车装饰线，可用手针星点缝固定，使贴边固定，以防外吐，见图2-31。

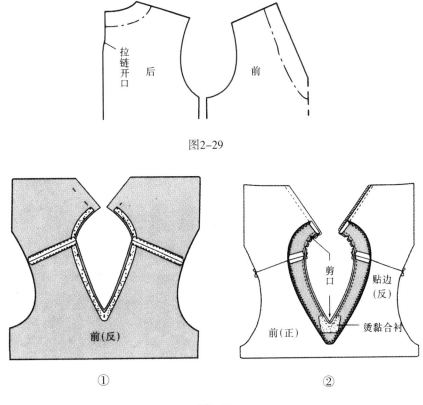

图2-29

图2-30

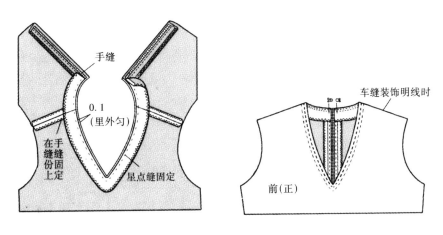

图2-31

款式E···镶边处理的吊带式领口（图2-32）

吊带式领口常用于女性的吊带裙、内衣或晚装中，其结构见图2-33。

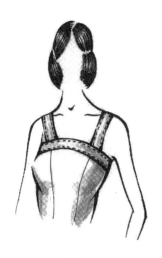

图2-32

图2-33

1. **折叠纸样的省道裁剪** 后衣片要折叠腰省，前衣片在腰省部位剪开，把纸样打开分成两片，折叠胁省。省道折叠后要修圆顺再裁剪，见图2-34。

2. **缝合前、后片** 在剪接布的反面烫黏合衬，缝合衣片、剪接布、贴边的前后；再把缝份分开烫平。如果是紧身的款式，面布很薄时，最好加上里布，见图2-35。

3. **缝合吊带** 吊带布正面对折缝合，把缝份分开烫平，然后翻到正面，再在两侧车缝明线固定，见图2-36。

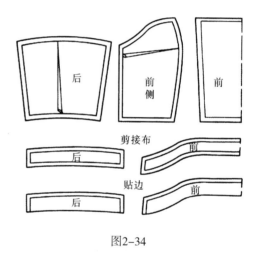

图2-34

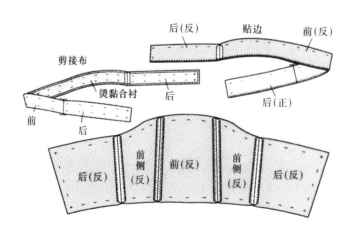

图2-35

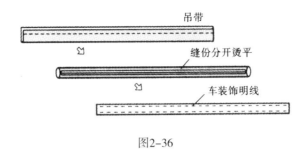

图2-36

4. **缝合剪接布和衣片**　在剪接布靠近衣片一侧，用熨斗扣烫1cm的缝份，然后把剪接布放在衣片上面，车缝固定。吊带也假缝固定在剪接布的缝份上，见图2-37。

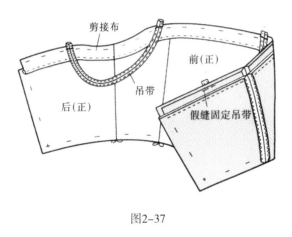

图2-37

5. **缝合贴边**　为便于在后片中心装拉链，贴边的后片中心要在距完成线内侧约0.5cm处折叠后，再对正衣片车缝，见图2-38。

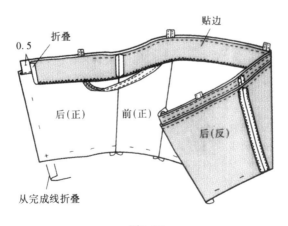

图2-38

6. **翻折固定缝份** 把缝份向贴边侧折倒，用熨斗烫平再往正面翻折，熨成里外匀，最后在剪接布的上沿车缝明线固定，见图2-39。

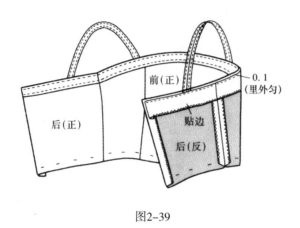

图2-39

款式F···滚边处理的吊带式领口（图2-40）

该款是在前、后衣片的领口处抽许多细褶的款式，细褶多少应视面料的厚薄而定。袖窿、领口及吊带用斜布条进行滚边，其结构图见图2-41①。

1. **裁剪衣片** 前衣片要把纸样剪开，如图所示从衣片底边向领口剪开。折叠侧缝的省道，平行放出所需的抽褶量，把领口线修顺，再裁剪布料，见图2-41②。

2. **定型斜布条** 为了避免在熨烫时因抻长使宽度变窄，斜布条要裁剪得稍微宽些。对折后，粗略加以定型，使之与纸样的宽度相符后再使用，见图2-42。

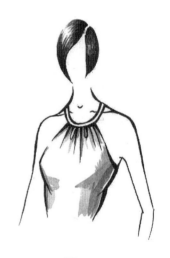

图2-40

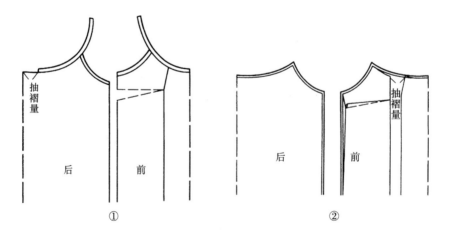

图2-41

3. **在领口处抽细褶**　前、后片都要在领口处抽细褶，按纸样对正后，再把缝边浮起来的部分用熨斗烫平，见图2-43。

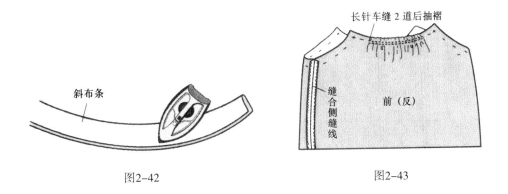

图2-42　　　　　　　　　　　　　图2-43

4. **车缝滚边斜布条**　把斜布条和衣片袖窿及领口缝合，再往反面翻折，然后进行假缝，再用车缝固定，见图2-44～图2-47。

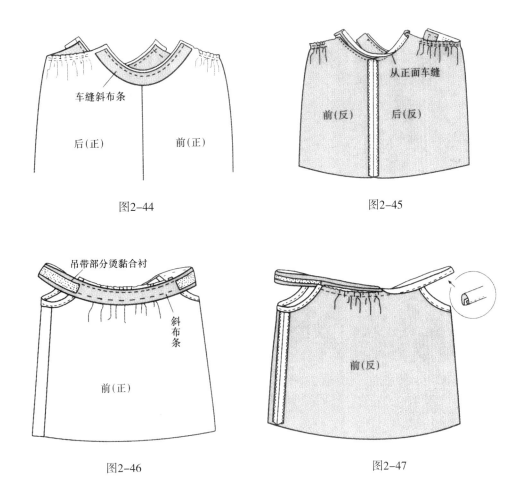

图2-44　　　　　　　　　　　　　图2-45

图2-46　　　　　　　　　　　　　图2-47

5. **整理吊带的滚边** 领口和吊带用同一斜布条来缝制。滚边斜布条在领口部分反面的宽度要多留一些，吊带部分则是正反都整理成相同的宽度，再车缝固定。如在吊带上烫黏合衬，则更加牢固，见图2-48。

款式G…船形领口（图2-49）

船形领由于横开领开得很大，而前片领深比一般领型浅，故在穿着时领口很容易往上跑，为克服此毛病，在制图及缝制上要进行特别处理。

制图时，首先要压住原型的胸高点（即BP点），把它

图2-48

转到距前中心线延长线与侧颈点水平延长线交点外1.5～2cm的位置，重新确定领宽和领深，前中心线位置不变。后片肩线比前片肩线长出0.2～0.3cm，其结构图见图2-50。

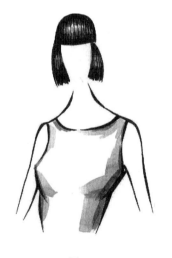

图2-49

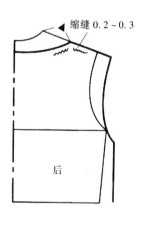

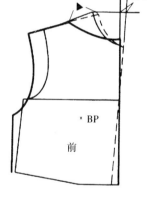

图2-50

（一）缝制方法一

后肩线与后领口如图示位置缩缝0.2～0.3cm，这样可以使领子与身体紧贴，不易向上跑。在缝合前、后肩线时，侧颈点变成"<"字状，只要把衣片和贴边在肩部连续缝合，就可得到漂亮的船形领。

贴边在裁剪时与衣片的领口要里外匀0.2cm，使领子的贴边不会外露，见图2-51。

1. **缝合前、后片贴边** 贴边部分要全部烫黏合衬，缝合后其缝份要修剪为0.5cm，在弯曲度较大的部位，打斜向剪口，见图2-52。

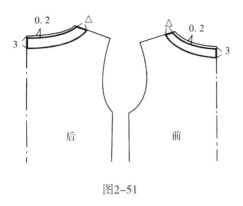
图2-51

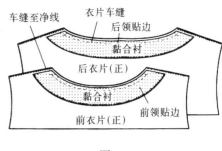
图2-52

2. **翻折贴边** 贴边和衣片里外匀0.2cm整烫成型，见图2-53。

3. **车缝固定贴边** 领口无装饰明线时，如图所示翻开贴边，把缝份倒向贴边，然后在上面车一道0.1cm的缝线固定，这样贴边不会往外吐，见图2-54。

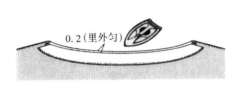
图2-53

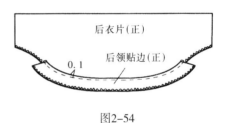
图2-54

4. **缝合前、后肩线与贴边** 翻开贴边，分别车缝衣片肩线和贴边肩线。注意要避开领口的缝份，见图2-55。

5. **整理成型** 翻折贴边并整烫成型，再在贴边肩线的内侧手缝固定，见图2-56。

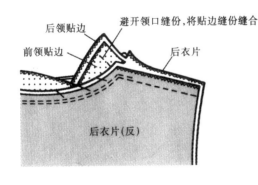
图2-55

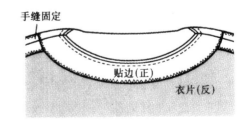
图2-56

（二）缝制方法二

船形领的这种缝制方法，比先缝合肩线、再缝合贴边的方法，更能表现出平整、漂亮的外观。

1. **缝合肩线**　采用缝制方法一的第1～3步骤之后，不要翻开贴边，而是直接缝合肩线。在缝合线的边缘修剪贴边缝份，使其变薄，见图2-57。

2. **整理成型**　分缝烫平肩缝，把贴边手缝固定，见图2-58。

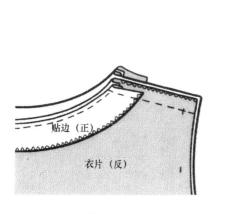
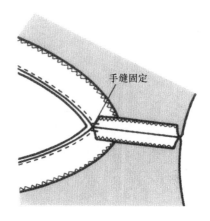

贴边（正）

衣片（反）

手缝固定

图2-57　　　　　　　　　　　　图2-58

第二节　翻领领型

翻领领型的缝制原理及要点

（一）领面和领里的大小差异

一般来说，领面和领里如果裁成同样大小来缝合，那么处于外围的领面会起吊，而领里则会出现多余的量，造成领子翻开后不平服见图2-59。

1. **纵向断面图**（图2-60）

领子的翻折部分会产生●与▲的差异。因此领面必须比领里稍宽，同时在领面上还需加延伸到领底侧的里外匀的量，这样才能缝制出漂亮的翻领。

2. **横向断面图**（图2-61）

（1）翻领的横断面外口一侧，在侧颈点上方会呈现∅与⚠的差异（图2-61①），故领面比领里要宽些。

（2）在领座的横断面上，领面反而比领里稍短些（图2-61②）。

综上所述，在翻领类领子的缝制时，必须考虑上述因素来进行裁剪。其差量的大小应视面料的厚薄来定，面料越厚，其差量越大；反之，则越小。

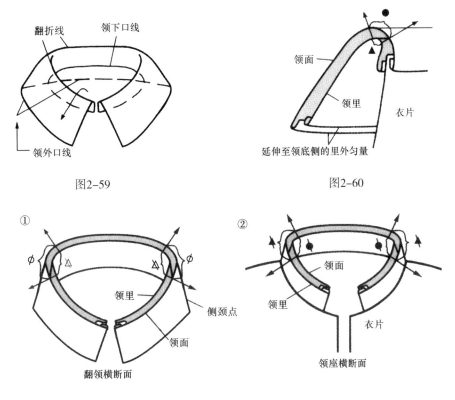

图2-59

图2-60

图2-61

（二）裁剪方法

首先以裁剪图上的领子作为领里的净样板，领面以领里样板为基础进行制作。

1. **确定面、里领大小的差异量** 如图2-62所示，把实际要缝制的两片布料重叠，弯曲成翻领状，再确定上层面料比下层面料长出多少，这长出的量就是领面翻折线部位的松量，而领面外口延伸到领底侧的里外匀量要另外加上。

2. **领面样板制作** 见图2-63。

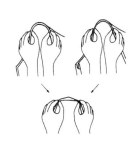

图2-62

3. **面、里领的裁剪** 以上制作得到的是领面的净样板，在此基础上四周各放出1cm作为缝份，裁剪时要稍放大些，以便可以修正。领里是在其净样板上放出1cm的缝份，然后对正领面和领里的下口线，用大头针固定，整理成完成状。确认领面所放出的松量是否合适，再对领面进行重新裁剪，见图2-64。

（三）领子缝制要点

从前面分析可知，领面和领里在裁片上是有大小差异的，但在缝合领面、领里时，其车缝的起点与终点是一致的，这就要求我们对领面各部位所放出的松量在适当的位置加以

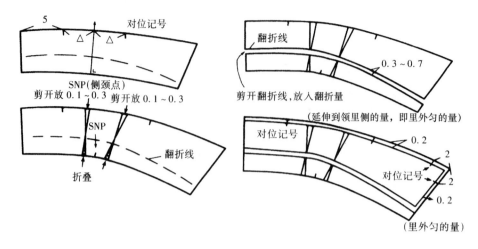

图2-63

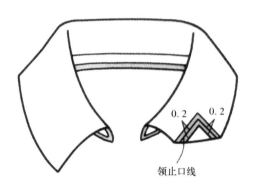

图2-64

缩缝，这是缝制领子的关键所在。

从翻领的纵向断面图和横向断面图可以看出，产生领面和领里的大小差异主要是在侧颈点附近（SNP），故要求我们在缝合领子外口时，领面要在该部位附近缩缝。领面角延伸到领里角反面的里外匀量，要在距领角约2cm处进行缩缝，使领角产生自然窝势。

要在领面和领里的相应位置做出对位记号，这是缝制领子的关键所在。领子的对位记号及缩缝部位见图2-65。

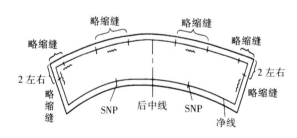

图2-65

（四）透明布料及较薄布料领子的缝制要点

如使用透明布料或较薄的布料缝制领子，要避免缝份透出来，面、里领的差异量及领面延伸到领里的里外匀量要小，同时不要缩缝。

薄布料较难缝制，可在缝合前准备一张纸，纸张要事先用熨斗熨烫去除水分，然后把纸与领片一起缝合即可缝制得很漂亮。

1. **纸张与领片固定**　把裁好的领面和领里对正放在纸上，用大头针固定，见图2-66。

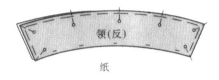

纸

图2-66

2. **缝合领片**　按1cm的缝份把领片和纸一起车缝。若是薄而质地较硬的面料，只需用大头针将领片固定，即可缝制顺利。但若质地柔软，容易滑动时，则要先用很细的线假缝，然后再缝合。车缝线要细，线的颜色视面料的深浅而定，如是深色布，应选择比面料稍深的线；如是浅色布，则应选择比面料稍浅的线。这样，车缝线才不会透出正面。

3. **去掉纸张，修剪缝份**　小心地将纸撕掉，把缝份修剪成0.3cm左右，然后将缝份向领面一侧折烫，再将领子翻折到正面，见图2-67。

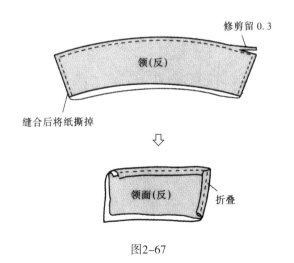

图2-67

款式A···领下口呈直线的衬衫领（图2-68）

衬衫领有各种款式，本方法适合于领下口呈直线的款式。若领下口线弧度较大时，则绱领处的缝份较难处理，故应采用加贴边或斜布条滚边的处理方法（见本节款式C），领底线呈直线状的领子，其结构图见图2-69、图2-70。

图2-68

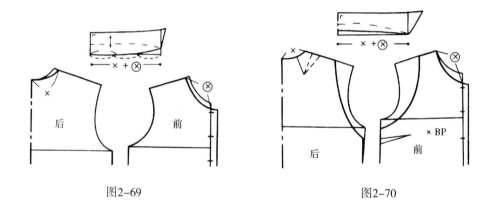

图2-69　　　　　　　　　　　　　图2-70

前片挂面部分，必须把领下口的缝份向挂面折倒，把其余的缝份塞入领子中。领面和领里都烫薄黏合衬。

1. **缝合领片**　以裁剪图所得的领子作领里，领面的处理参照本章第二节中"领面样板制作"进行制作。由于绱领后领下口线的缝份要改变折倒方向，故必须在领面的领下口线位置（图示为▲）打剪口，再折烫1cm缝份成完成状。然后把领面和领里重叠为正面相对，领面放在下面缝合领外沿，见图2-71。

2. **修剪缝份**　剪掉领角，把领里的缝份修剪掉一半，再把领里的缝份折倒烫平，见图2-72。

3. **翻正领子，整理成型**　用熨斗加以熨烫并翻正，然后沿领子外口车一道明线（注意里外匀0.1cm），见图2-73。

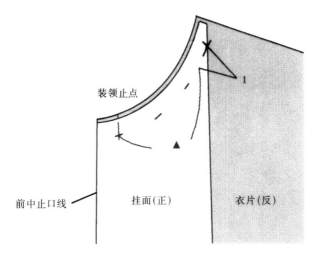

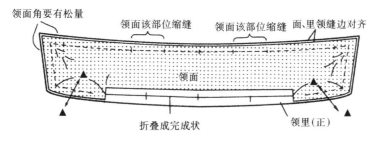

图2-71

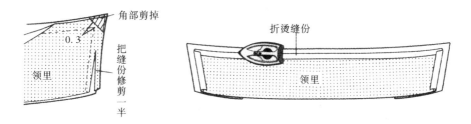

图2-72

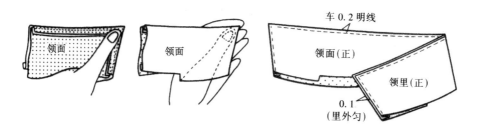

图2-73

4. **绱领子** 见图2-74。

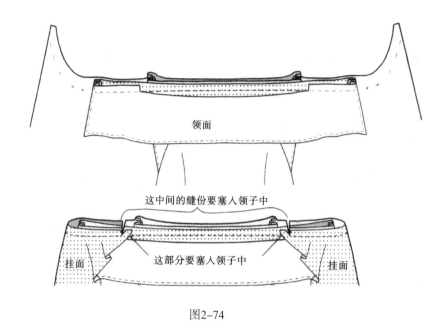

领面

这中间的缝份要塞入领子中

挂面

这部分要塞入领子中

挂面

图2-74

5. **修剪缝份，车明线** 把缝份修剪成0.5cm，然后对绱领点的缝份打剪口，以防止这部分起吊。翻到正面整理后，在前止口线车一道明线，见图2-75。

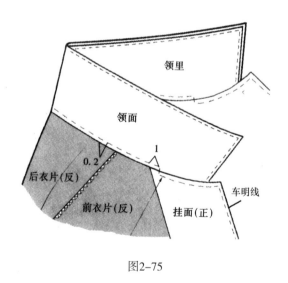

领里

领面

0.2

1

后衣片（反）

前衣片（反）

挂面（正）

车明线

图2-75

款式B···男式衬衫领（图2-76）

这种款式的领子是常用于男式衬衫中，故也叫男式衬衫领，其结构图见图2-77。

此款领型由于装领线所有的缝份都要塞入领子里，所以装领止点容易因缝份太厚而显得不平整。以下介绍的方法是翻领、底领的装领线里外匀0.2cm，以减少缝份重叠产生的

图2-76

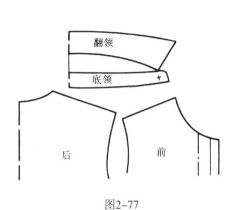

图2-77

松度，见图2-78。

（一）缝制要点

1. **底领面烫衬** 底领面要烫较硬的黏合衬，粘衬时除超出领下口线的净线0.2cm之外，其余三边为净线。

2. **底领里、翻领面和里烫衬** 里底领，面、里翻领均烫黏合衬。

以裁剪图上所得的领子作为翻领里和底领面的净样，翻领面和底领里在此基础上进行纸样修正。

（二）具体操作要点（图2-79）

在翻领面的领上口线平行加0.2cm的翻折量，并将这些缩缝在装领点A和对位记号B之间，在领外口线及前领角外围各加大0.2cm作为领面延伸到领里的里外匀。底领里的后中点，须比面底领剪短0.2～0.3cm。

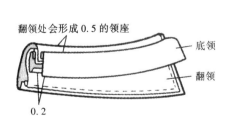

图2-78

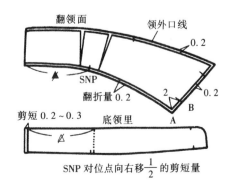

图2-79

1. **缝合翻领**　缝制方法参照本节款式A，见图2-80。

2. **翻领与底领假缝固定**　先把底领面的领下口线按黏合衬位置扣烫，然后把底领里与翻领面对好对位记号后用手针假缝固定，再把底领面放在上面为正面相对，重新假缝固定，并同时在底领面的侧颈点（SNP）上方附近，加外围的松量，见图2-81。

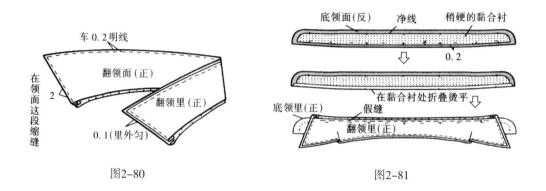

图2-80　　　　　　　　　　图2-81

3. **车缝固定**　先车缝固定，然后修剪缝份，注意底领圆角处的缝份要修剪为0.2~0.3cm，这样领子翻到正面才会圆顺，见图2-82。

4. **整理领子**　把领子翻到正面，在底领的领上口线处不用打回针，各距装领点2~3cm处，按0.1cm车缝，见图2-83。

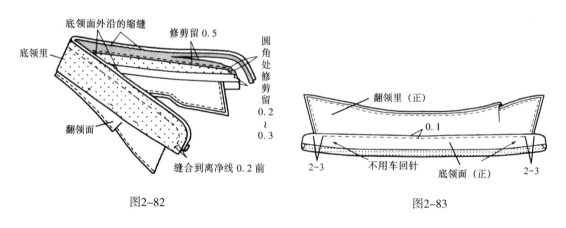

图2-82　　　　　　　　　　图2-83

5. **底领里与衣片缝合**　先将底领里与衣片对正对位记号后用手针假缝固定，然后车缝。再修剪缝份留0.3~0.4cm，在圆弧处等容易起吊的部位斜向打剪口，见图2-84。

6. **缝份塞入底领**　用领面盖住缝份，这时底领面和底领里的装领线会相差0.2cm，其缝份不会在装领止点处凹凸不平，见图2-85。

7. **固定底领面**　从表面连接车缝剩下的明线，并连续车缝底领面，这时底领面的明线会盖住下面的车缝线，见图2-86。

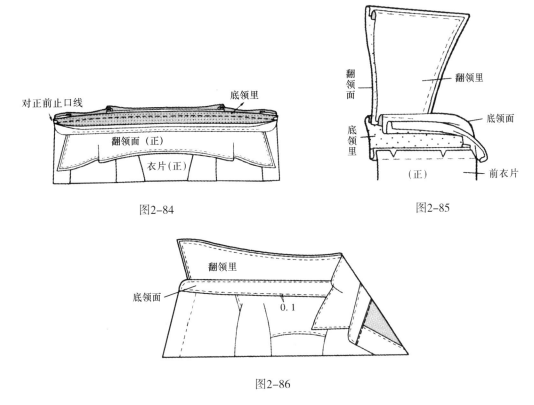

图2-84

图2-85

图2-86

款式C···坦领式衬衫领（图2-87）

该款为坦领，其横开领较大，领子平摊在身上。由于该领后片中心的面料为经向，故前领片的布丝也近于经向，装领后这部分容易产生皱褶（图2-88①）。下面介绍以斜裁防止皱褶产生的方法，若用较柔软的面料，则会缝制得更漂亮，见图2-88②。

图2-87

（一）缝制要点

1. **裁剪领底**　为了把前领下口线斜裁，要对裁剪图所得到的领子重新进行纸样修正。首先把前领下口线5等

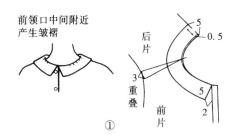

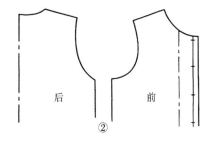

图2-88

分，剪开靠近肩线的3个部位呈放射状，见图2-89①。

2. **剪开领底** 在前片领口中点A处画一条与后片中心线平行的线，然后再从A点画一条约20°的斜线，顺着这条斜线，剪开前领下口线，剪开的量总和控制在2cm，见图2-89②。

3. **制作领面纸样** 剪开前领外口线和领下口线，用圆顺的线条连接，把剪开量的二分之一，在中间平行折叠缩短。然后以领下口线作基线，对领面进行纸样制作（方法参照本节"翻领类领型的缝制原理及要点"中有关"领面样板制作"的内容）。剩余的二分之一，在领下口线一侧缩缝，领外口只需拔长折叠的量即可，然后按裁剪图的领弧线用熨斗烫平，见图2-90。

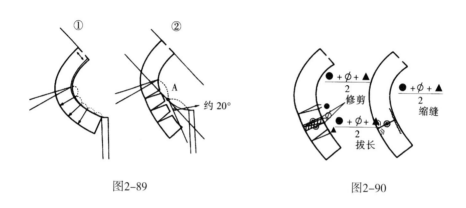

图2-89 图2-90

（二）具体操作要点

1. **假缝固定领子** 领子的缝制参照本节款式B有底领衬衫领，由于要用斜布条作为领下口线缝份的滚边布，所以在把领子与衣片对正后，先用手针假缝固定，见图2-91。

2. **折烫滚边斜布条** 斜布条的面料要与衣片相同，以45°斜裁，宽为2.6cm。然后对折斜布条，用熨斗烫平，见图2-92。

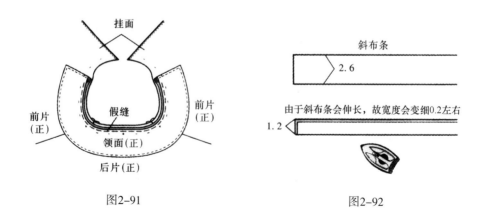

图2-91 图2-92

3. **斜布条与衣片领子缝合**　按前门襟前止口对位记号翻折挂面，然后把斜布条压在衣片上，以稍拉紧斜布条的缝制要领车缝。缝份修剪为0.3～0.5cm，在领口圆弧处易起吊的部位斜向打剪口。然后把挂面翻到正面，斜布条向衣片折倒，用熨斗烫平，见图2-93。

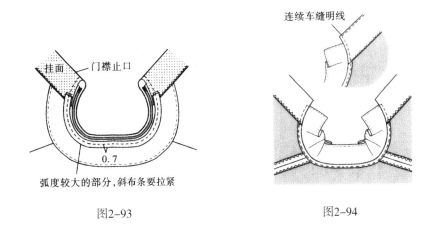

图2-93

图2-94

4. **车缝明线固定**　从装领点开始车缝明线，同时固定斜布条。如前衣片门襟止口也车缝明线，见图2-94。

款式D⋯加蕾丝衬衫领

（一）圆领型（图2-95）

这是圆领外口加蕾丝（或荷叶边）的领型。如使用布料作荷叶边时，要采用布边或卷边缝，其结构图见图2-96，下面以蕾丝领为例加以说明。

图2-95

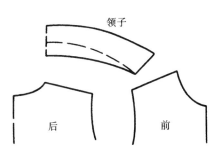

图2-96

1. **蕾丝与领面缝合** 先把蕾丝与领面对正，多加几处对位记号，然后把蕾丝与领面车缝或用针假缝固定。注意在领角圆弧处，要把蕾丝折成顺褶，并按完成状缝制，见图2-97。

2. **面、里领和蕾丝三层缝合** 把领里放在固定蕾丝的领面上面，反面朝上，按对位记号车缝，见图2-98。

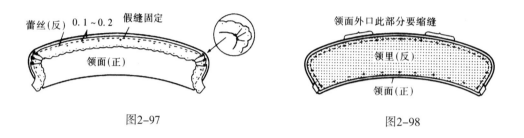

图2-97　　　　　　　　　　　　　　　图2-98

3. **修剪缝份** 把缝份修剪为0.5~0.6cm，领角圆弧部分的缝份要修剪为0.2~0.3cm，使领子翻到正面时平整，见图2-99。

4. **整理成型** 把领子翻到正面，用熨斗整理，在领子的外口车缝明线，见图2-100。

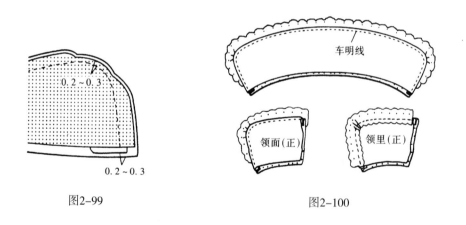

图2-99　　　　　　　　　　图2-100

如果蕾丝的边端不会脱丝或为布边时，也可先缝制好领子，再和领子一起缝制。

（二）尖领型（图2-101）

这是尖领夹蕾丝的领型。先要把蕾丝整理成尖角，与领尖相一致。若领角太尖，则不宜缝制，设计时要加以注意，其结构图见图2-102所示。

领面纸样如加上领外口的松量和翻折量，会形成漂亮的外形（参照"翻领领型的缝制原理及要点"）。由于中间夹住蕾丝，所以领面的外口没有必要加0.2cm的里外匀量。

图2-101

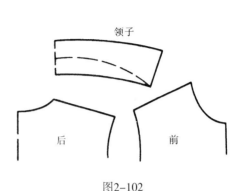

图2-102

1. **缝制蕾丝的领角**　按照领子纸样，把蕾丝放在领子的外口，整理蕾丝在领角的形状，然后缝制，再将缝份熨开，用手针将缝份手缝固定，见图2-103。

2. **缝合蕾丝**　把整理成型的蕾丝假缝固定在领面上，见图2-104。

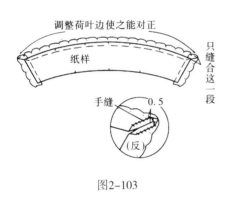

图2-103

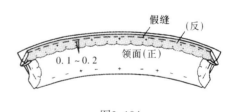

图2-104

3. **领面、领里、蕾丝三层一起在两侧缝合**　把领里放在上面，假缝领外口。注意把蕾丝的角向上侧翻折，先假缝，再分两次车缝，要先车缝两侧，见图2-105。

4. **缝合剩下的领外口**　蕾丝的缝份要修剪为0.2～0.3cm。修剪角部缝份再翻折到正面，见图2-106。装领方法参照本节款式C和款式E。

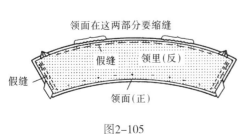

图2-105

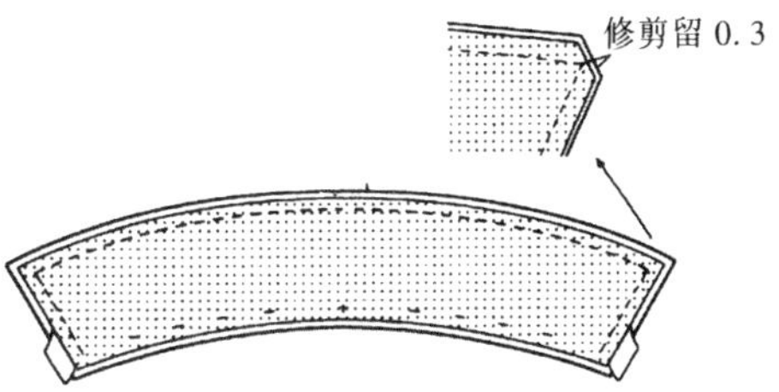

图2-106

款式E···贴边连裁T恤领（图2-107）

贴边连裁T恤领的结构图，见图2-108。

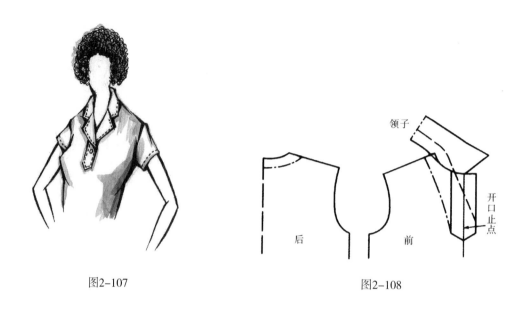

图2-107　　　　　　　　　　　　　　　　图2-108

1. **领子要面、里连裁再缝合**　黏合衬烫在领面反面，沿领外口线延伸0.7cm左右，见图2-109。

2. **门、里襟和衣片缝合**　在门、里襟上烫薄黏合衬，右前门襟下端要折烫成完成状，衣片开口位置剪口，留下1cm缝份。把门、里襟对正衣片，从净线外侧0.1cm的位置车缝，见图2-110。

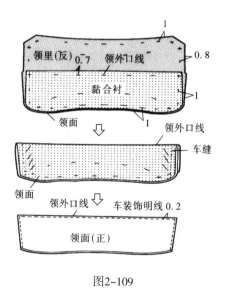

图2-109

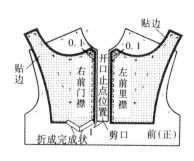

图2-110

3. **车明线** 左、右衣片与门、里襟接缝的一侧车明线，要求门、里襟向正面翻折，见图2-111。

4. **将领子假缝固定在衣片上** 把衣片和贴边的肩线分别缝合后分缝烫平，把领子放在衣片上假缝固定，见图2-112。

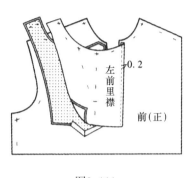

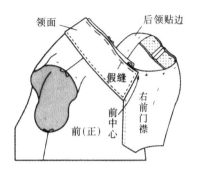

图2-111

图2-112

5. **夹缝领子** 将前片贴边在止口线处向正面折叠，夹住领片车缝，见图2-113。

6. **整理门、里襟** 将贴边翻折到衣片反面，整理门、里襟、领片，在前门襟止口处车明线，见图2-114。

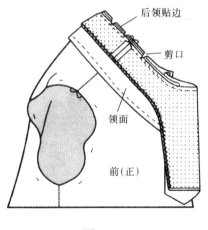

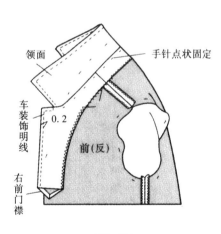

图2-113

图2-114

7. **在开口止点加固车缝线** 重叠门、里衣襟，在开口止点将门、里襟车缝固定，见图2-115。

款式F…小翻领（图2-116）

小翻领的结构图，见图2-117。

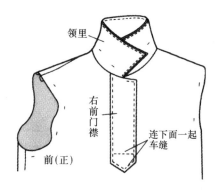

图2-115

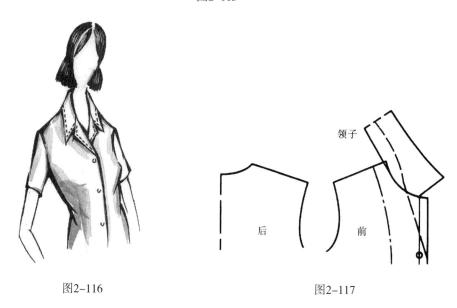

图2-116

图2-117

1. **在领面反面烫黏合衬，缝合领面和领里** 在领面的反面烫黏合衬，对正领面和领里的裁剪边缘并加以缝合，见图2-118。

2. **把领子假缝固定在衣片上** 注意要使左、右领宽度相等，对准装领止点后假缝固定，见图2-119。

3. **车缝固定衣领与挂面** 翻折挂面并将其重叠在领子上面，在后片领口处放斜布条，从左前止口线车缝到右前止口线，见图2-120。

4. **翻折挂面，整理领口** 为了避免缩紧，在领口的缝边上打剪口，将挂面向正面翻折，折叠斜布条和挂面的肩线缝份，再加以手缝或车缝固定，见图2-121。

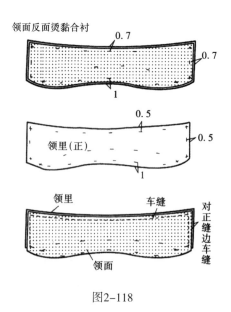

图2-118

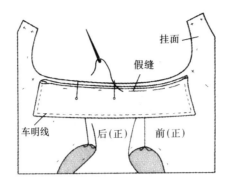

图2-119

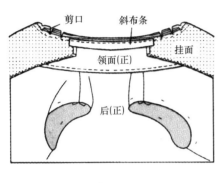

图2-120

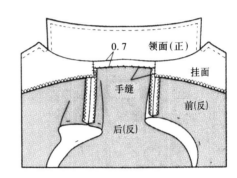

图2-121

款式G···无串口线西装领（图2-122）

这是把领面和贴边连裁的西装领型。因为领里与衣片要缝合，故不适合缝线透出布料。这种缝制方法也适用于披肩领，其结构图见图2-123。

图2-122

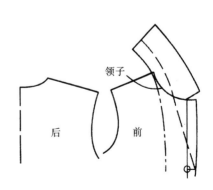

图2-123

1. **裁剪领面、领里、贴边** 其缝份视面料不同而有所差异，见图2-124。

2. **领里与衣片缝合** 衣片的肩线、领口一侧要缝合至净线，再将领里与衣片缝合，前片的缝份要分缝烫平，后片的缝份向领里一侧折烫，见图2-125。

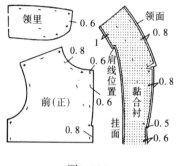

图2-124

图2-125

3. **区分挂面的驳领侧和翻领侧，将其与衣片车缝固定** 对正裁剪布边，从领子向前止口线处假缝固定。这时注意挂面处的驳领和翻领要稍松。车缝从领豁口位置起，分别向驳领和翻领一侧车缝。领豁口角部的缝份要挪开，并用回针固定，见图2-126。

4. **整烫领子** 领子向正面翻折后，整烫成里外匀，并注意领面翻折后要有窝势，同时手缝固定后领线，见图2-127。

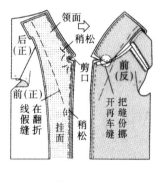

图2-126

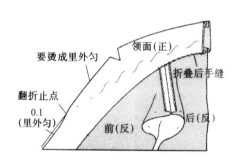

图2-127

款式H⋯西装领（图2-128）

（一）挂面样板制作

1. **确定剪开位置及对位记号** 见图2-129①。

2. **缝制挂面** 驳领面比驳领里稍短，能使驳领翻折自然、漂亮。驳领里被缩缝的部分，要向胸高点推进缩缝。在缝制挂面内侧时，经常会出现起吊现象，所以要加放松量，见图2-129②。

图2-128

3. 剪开驳领翻折线并加松量　剪开驳领翻折线，视面料厚薄程度平行加入0.3～0.5cm作为松量，见图2-129③。

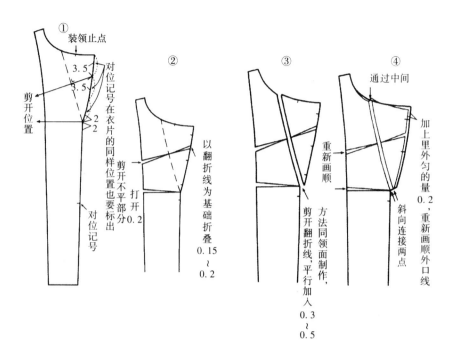

图2-129

4. 挂面驳领加松量　驳领外口要加放延伸到反面的松量0.2cm，翻折止点的落差是为了使驳领翻折自然作为松量加放的，见图2-129④。

挂面下端的缝份量要多放出0.3～0.5cm（视面料的热缩率），这是因为熨烫黏合衬时挂面会产生热缩率的原因。前衣片在烫黏合衬后，再把纸样放在上面，重新画上驳领里及前止口部位的对位记号及净线的记号。因为缝合时前衣片放在上面，画上净线后则很容易缝制。挂面在烫黏合衬后，也要把纸样放在上面重新画出对位记号，见图2-130。

（二）黏合衬的熨烫方法

通常情况下，挂面、领面、领里都要全部烫黏合衬（除有特殊要求的款式外）。前衣片烫黏合衬的方法有三种。

（1）适合无里子布的单层上衣（图2-131①）。

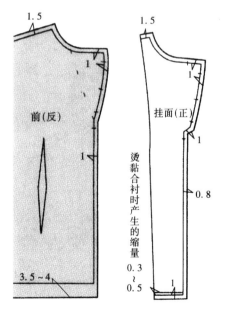

图2-130

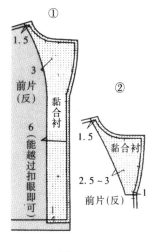

图2-131

（2）适合较柔软的无里子布上衣（图2-131②）。

（3）若是有里子布的上衣，前片可以全部烫黏合衬，也可以部分烫黏合衬，根据面料及款式灵活掌握。

（三）烫贴黏合牵条的方法

烫贴黏合牵条的目的是防止前止口线变形，驳领角由于缝份重叠而变得过厚，故牵条要剪掉一角不贴。首先把衣片的前止口线与纸样对正，整理成直线，注意不要拉伸，把牵条平放在上面，从正上方用熨斗加压黏合衬，牵条别拉伸烫，否则前端可能会起吊。加烫牵条的位置，根据领子表面有、无明线而分为两种。

（1）领表面车缝明线时见图2-132①。

（2）领表面不车缝明线时见图2-132②。

（四）具体操作要点

1. **拼接领里**　先在领里的两片反面各自烫上薄型黏合衬，然后按净线拼接，分缝烫开。在翻折线车缝一道线，见图2-133。

2. **缝制领子**　按图2-134所示步骤进行。

3. **缝合前片和挂面**

（1）对正前片和挂面的缝边和所作的对位记号，先假缝驳领翻折止点的落差，尽可能拉向内侧缝合，这种松量就会成为驳领翻折时的松量。车缝时要把前片放在上面，见图2-135。

（2）按图2-136所示步骤处理缝份，只修剪衣片缝份留0.5cm。驳领领角及底边角部要修剪为0.3~0.5cm。

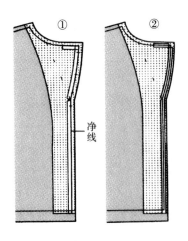

图2-132

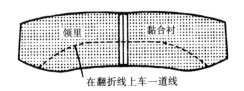

图2-133

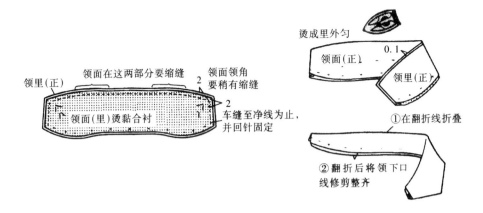

图2-134

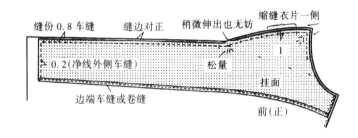

图2-135

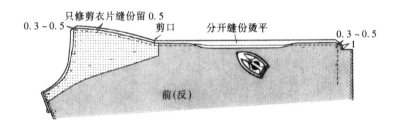

图2-136

（3）翻转至正面，用熨斗整烫成型，见图2-137。

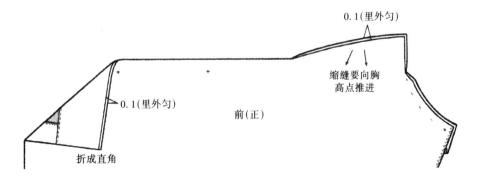

图2-137

4. **缝合肩线** 装领前，先确认衣片上的领口与纸样是否一致，左、右是否对称，若有伸长时，要用熨斗加以回缩，直至与纸样等长，见图2-138。

5. **装领**

（1）将面、里领分别与衣片和挂面缝合。注意角部的处理方法（见放大图），见图2-139。

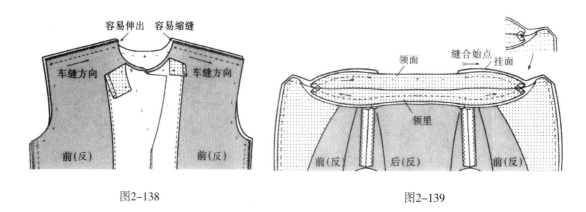

图2-138

图2-139

（2）将挂面与衣片的缝份修剪为0.5cm，在圆弧处斜向打剪口，见图2-140。

（3）手缝固定在挂面处的面、里领部位，要考虑翻折后领子的松量，见图2-141。

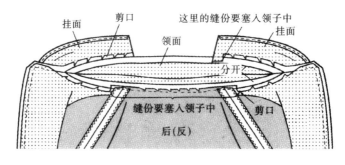

图2-140

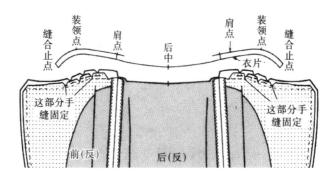

图2-141

6. **翻至正面并整理成型** 翻至正面后，要确认领子的形状，如一侧有缩缝现象，则要重新装领。最后在领子的外口车一道明线，见图2-142。

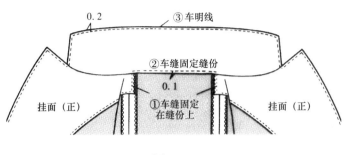

图2-142

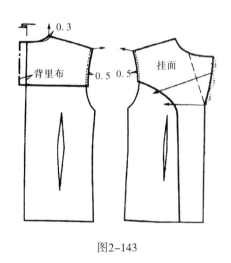

图2-143

（五）背里布的裁剪与缝制要点

（1）背里布裁至袖窿中部，挂面上部加大至袖窿中部，同时在箭头位置稍加放松量，见图2-143。挂面样板制作参照本节款式H中"挂面样板制作"的内容。

（2）先把衣片与挂面缝合，再将驳领翻折，然后把挂面袖窿在肩端多出0.5cm的松量，最后如图2-144所示顺着衣片袖窿裁剪。

（3）背里与挂面缝合后，再装领子，其方法同本款"5.装领"，见图2-145。

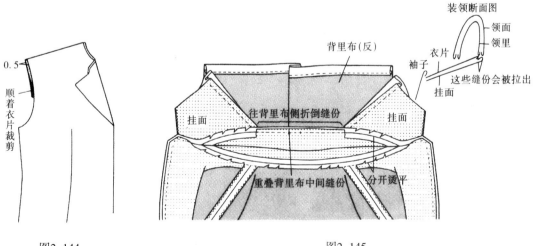

图2-144　　　　　　　　　　　图2-145

（六）几种常见宽距离明线在领角处的车缝方法（图2-146）

西装领领角车较宽线的几种方法

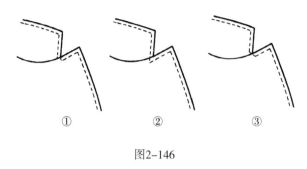

① ② ③

图2-146

款式I···青果领（图2-147）

青果领又叫丝瓜领，裁剪领面时要先裁得略大一些，待烫黏合衬后再加以精确地裁剪，并做上记号，其结构图见图2-148。

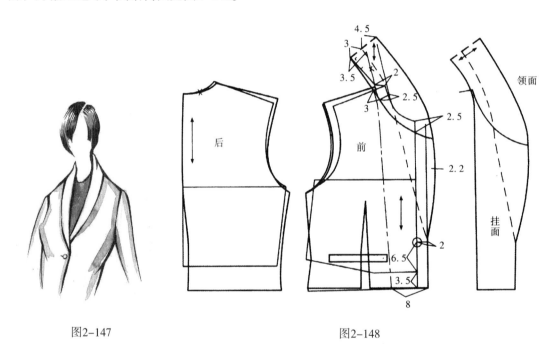

图2-147　　　　　　　　　　　　　　　图2-148

（一）挂面样板制作步骤

1. **确定剪开位置及对位记号**　见图2-149①。

2. **翻领与挂面的处理**　把翻领面的领下口线折叠，使之短于翻领里领下口线，如此可以缝制的平服漂亮。挂面内侧的边端，一般情况下不容易处理平服，故必须打开，使之产生松量，见图2-149②。

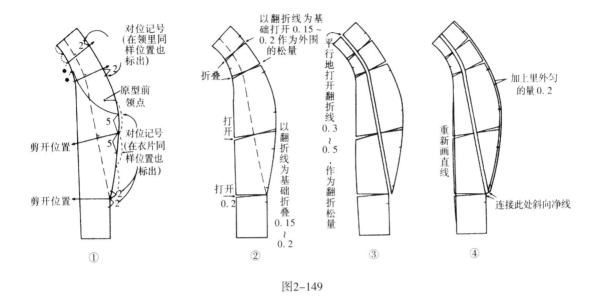

图2-149

3. **剪开翻折线**　平行打开翻折线，视面料厚薄程度加放0.3～0.5cm的松量，见图2-149③。

4. **领外口的处理**　领外口要加放延伸到反面的里外匀量，翻折止点的落差，是为了翻领的自然翻折而需要的松量，见图2-149④。

（二）裁剪与烫黏合衬

前衣片黏合衬烫贴方法参照本节款式H，见图2-150①。

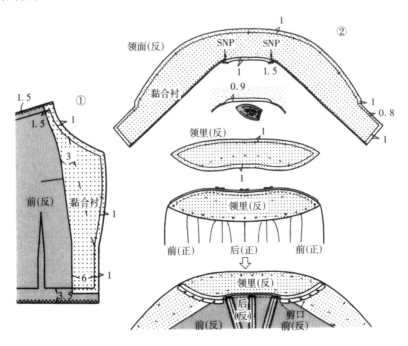

图2-150

（三）具体操作要点

1. **缝合肩线、接缝领里** 按图中步骤缝合后，前片领口的缝份要分缝烫开，后片领口的缝份则要向领里一侧折倒烫平，见图2-150②。

2. **衣片领里与挂面、领面缝合** 车缝时要把衣片放在上面，挂面翻折止点的落差要尽量向内侧拉进缝合，这样翻领在翻折止点处会呈自然状。注意挂面、领面上各对位记号与衣片领里缝合时的缩缝量，见图2-151。

3. **整理门襟** 翻转到正面并整烫成型，见图2-152。

4. **车缝固定领面下口线** 为使面、里领平服，可先假缝再车缝，见图2-153。

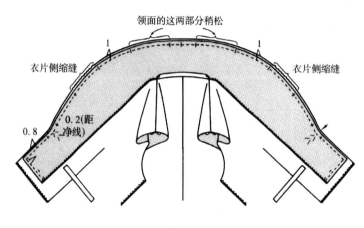

图2-151

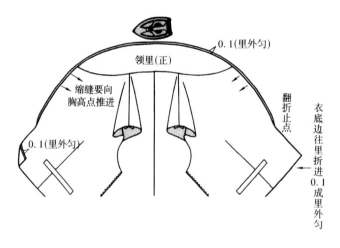

图2-152

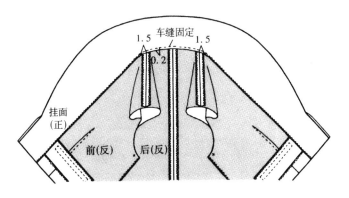

图2-153

第三节 其他领型

款式A···立领（图2-154）

这是一款稍离开脖子的竖领，分为挂面与衣片连裁和挂面与衣片分开裁两种，其缝制方法也有区别，其结构图见图2-155。领面、领里、挂面烫贴黏合衬。领里的后中线剪短0.2~0.3cm，这样领面的外缘可产生松量，领下口线的SNP点向右移1/2的剪短量，重新确定SNP点作为装领时的对位记号。缝份均放出1cm为毛样，见图2-156。

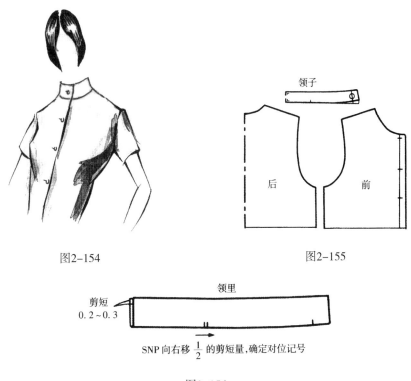

图2-154

图2-155

图2-156

（一）挂面与衣片连裁的缝制方法

1. **缝制领子** 立领的领里在折烫领下口线时缝份为0.8cm，多出的0.2cm作为与领面领下口线里外匀的量，以免在领口处缝份重叠太厚而产生凹凸不平，见图2-157。

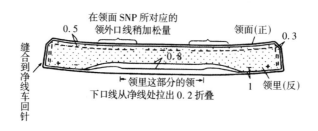

图2-157

2. **领子与衣片缝合** 先把领子边端与衣片的前止口线正确对正，用手针假缝固定后车缝（除后领里外围）。注意：在衣片的前止口线处打剪口，缝制时会比较方便，见图2-158。

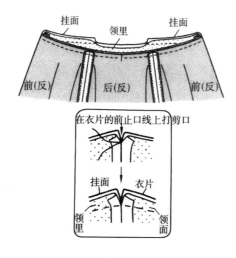

图2-158

3. **分烫缝份** 先在领口容易起吊的圆弧处斜向打剪口，然后把缝份处分开烫平。衣片领口线在肩线部位的缝份要剪口，然后把缝份一起塞入领子中，加以手缝，见图2-159。

图2-159

4. **整理成型**　先把挂面上端与肩部的缝份车缝固定，翻到正面整理成型。领里的后领线与衣片的后领口，必须从衣片的正面车缝固定，见图2-160。

（二）挂面与衣片分开裁的缝制方法

1. **缝制领子**　注意在领前端距净线1cm处停止车缝，见图2-161。

图2-160

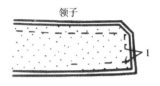

图2-161

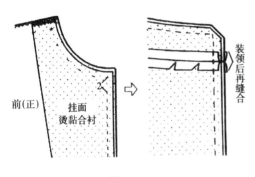

图2-162

2. **装领子**　衣片从接缝挂面的上端留下2cm不缝合，然后采用和前面相同的方法装领子。装好领子后再缝合剩下的部分，这样能使前端缝得平整，见图2-162。

款式B⋯旗袍领（图2-163）

这是紧贴脖子的旗袍领，领子的弧度较大，穿上后给人以庄重的感觉，其结构图见图2-164。

图2-163

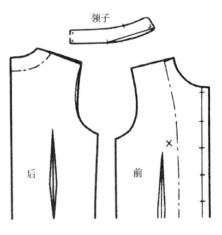

图2-164

（一）缝制要点

1. **烫黏合衬**　领里、领面、挂面烫贴薄黏合衬。

2. **手缝领子**　在手缝领子的缝份时，要一边用手把领子弄成完成状，一边手缝。

领里后中线按裁剪图上的净样剪短0.2cm，这0.2cm就成了领面的松量，然后在领下口线重新定出SNP点（侧颈点）作为对位记号。裁剪时，缝份均为1cm，见图2-165。

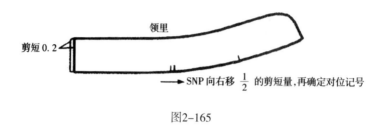

图2-165

（二）具体操作要点

1. **缝制领子**　领面的松量加在侧颈点（SNP）所对应的部位，车缝时把领面放在下面。领角的圆弧处修剪缝份留0.2cm。然后翻转到正面，用熨斗熨烫整理成型，见图2-166。

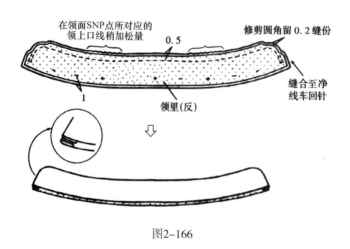

图2-166

2. **领子与衣片、挂面缝合**　先把领子的前端点与前衣片的装领点对正，将面、里领与衣片手针假缝固定，再加以车缝。最后缝合前衣片和搭门部分，见图2-167。

3. **剪口**　在领口圆弧处容易起吊的部位斜向打剪口，然后用熨斗分缝烫平，见图2-168。

4. **手缝固定缝份**　把领子的缝份塞到领子中，衣片和挂面、后领贴边的缝份用手针缝上固定。注意，要用手一边把领子弄成完成状，一边手缝，见图2-169。

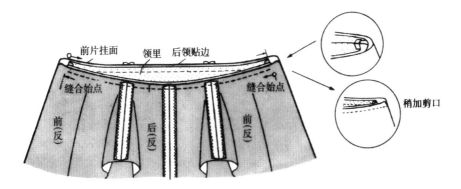

图2-167

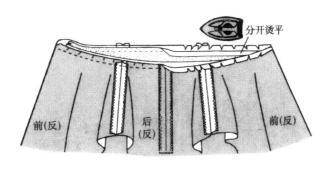

图2-168

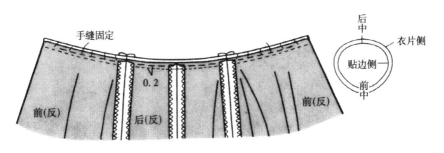

图2-169

5. **整理成型**　从领子连续车明线到前衣片止口处,最后把后领贴边分别与衣片的肩缝、后背中线用手缝固定,见图2-170。

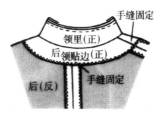

图2-170

款式C···蝴蝶结领（图2-171）

蝴蝶结领常用于衬衫中，适合于较柔软的面料。该领型常有双层和单层之分，结构图见图2-172、图2-173，其缝制方法各不相同。

（一）双层蝴蝶结领的缝制方法

1. **缝合衣片门襟上端** 挂面部分烫薄型黏合衬后，缝合门襟上端至装领止点为止，并回针固定，然后在装领止点处打剪口，再翻转到正面，见图2-174。

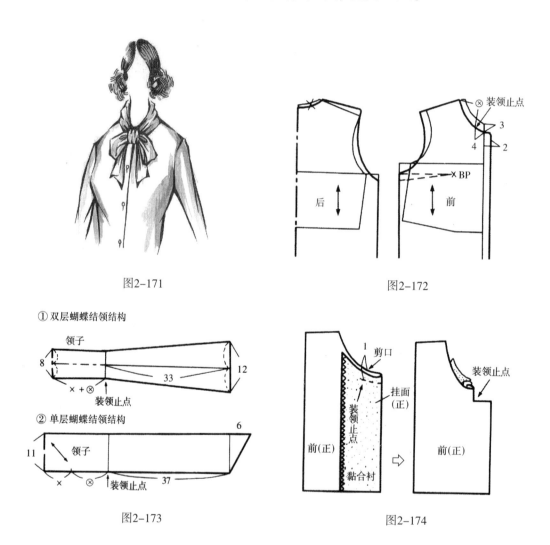

图2-171　　　　　　　　　　　图2-172

① 双层蝴蝶结领结构

② 单层蝴蝶结领结构

图2-173　　　　　　　　　　　图2-174

2. **衣片领口与领子一侧缝合** 注意车缝的两端点要回针固定，然后把领口的缝份修剪为0.5cm，领弧较大处要斜向打剪口。在领子的另一侧折进0.8cm烫平，见图2-175。

3. **车缝蝴蝶结部分** 避开衣片，将蝴蝶结部分缝合，修剪角部，再折叠缝份，用熨斗烫平，见图2-176。

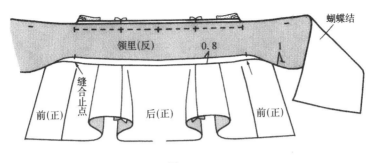

图2-175

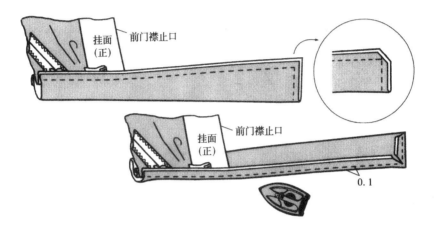

图2-176

4. **翻转蝴蝶结至正面并整理成型**　车缝固定反面的领下口线之前可先假缝固定，再从正面车缝固定，见图2-177。

（二）单层蝴蝶结领的缝制方法

1. **四周卷边**　卷边车缝除领下口线以外的蝴蝶结四周，见图2-178。

2. **装领子**

（1）把领子与衣片正面相对用车缝或假缝临时固定后，再把斜布条放在领口上，加以车缝固定，见图2-179。

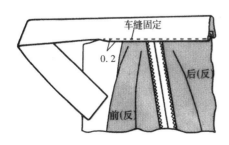

图2-177

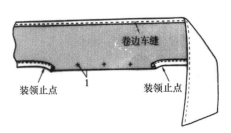

图2-178

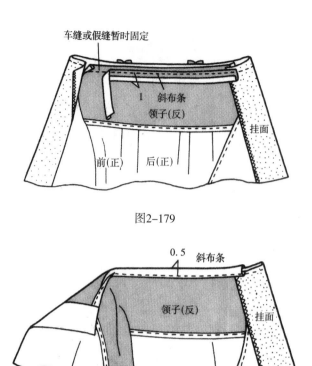

图2-179

图2-180

（2）修剪领口线缝份为0.5cm，并在弧度较大处斜向打剪口。然后把斜布条包住缝合固定，见图2-180。

款式D···连衣立领（图2-181）

这是顺着颈部，由衣片连着裁出的立领。根据领子的高度，要缝制成适当的松紧，其结构图见图2-182。

图2-181

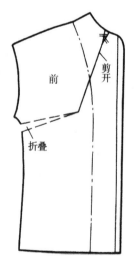

图2-182

1. **做好领省后再缝合肩线**　在前、后衣片烫贴黏合衬，再缝合领肩线，见图2-183。

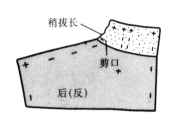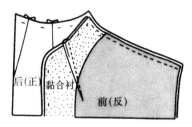

图2-183

2. **缝合衣片和挂面**　把衣片和挂面对正后车缝，然后在领口圆弧处容易起吊的部位打剪口，再把衣片翻到正面，车缝装饰线，见图2-184。

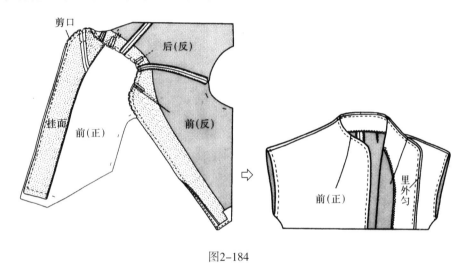

图2-184

款式E…用剪接布处理的V形外套领（图2-185）

V形外套领的结构图见图2-186。

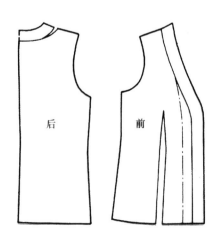

图2-185

图2-186

1. **缝合剪接布和衣片** 缝份要向剪接布一侧折倒，然后在剪接布上车0.1cm的装饰明线，见图2-187。

2. **缝合挂面和里布** 里布的缝线距净线0.2～0.3cm作为调节里布松紧的量。把里布和挂面缝合，缝份向里布处折倒并烫平，见图2-188①。

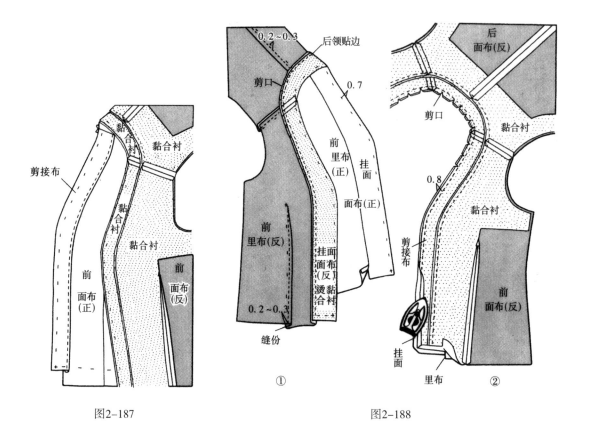

图2-187   ①   图2-188   ②

3. **连续缝合门襟前端和领口** 先把挂面与衣片剪接布对正，然后车缝，缝份为0.8cm，再在领口处打剪口。如果缝份过厚，则需修剪剪接布的缝份，再用熨斗烫开缝份，向剪接布一侧烫倒，见图2-188②。

4. **翻转衣片至正面** 挂面及后领贴边要烫成里外匀，最后在正面车缝装饰线，见图2-189。

款式F…圆领口外套领（图2-190）

由于前衣片门襟止口为直线，故可以采用挂面与前衣片连裁的方法，后领口要用后领贴边，其结构图见图2-191。

1. **烫黏合衬** 前、后衣片烫黏合衬部位见图2-192。

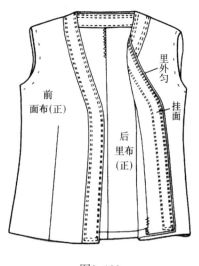

图2-189

图2-190

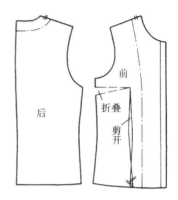

图2-191

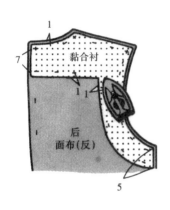

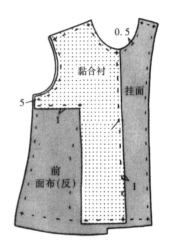

图2-192

注意前衣片要在门襟前止口线并超出1cm处烫黏合衬。

2. **烫黏合牵条**　先将前、后衣片的肩线及挂面与后领口贴边缝合，然后分缝熨烫。最后在领口处烫黏合牵条，压烫时，领口处的牵条要略拉紧一些，见图2-193。

3. **缝合领口**　将衣片的领口与挂面及后领贴边的缝边对正后缝合，然后打剪口，见图2-194。

4. **缝合里布**　缝合挂面与后领贴边。里布的缝线要距净线0.2～0.3cm，此量是里布的缝份，作为里布的松量，见图2-195。

5. **向正面翻折、整烫领口**　把里子与挂面翻折到里侧，领口部位要稍微里外匀，用熨斗烫压固定。最后从前门襟止口开始至领口处车一道装饰明线，见图2-196。

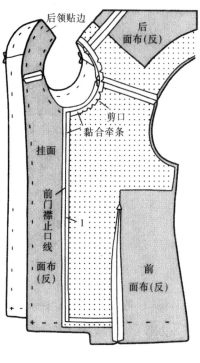

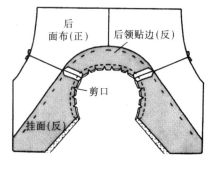

图2-193

图2-194

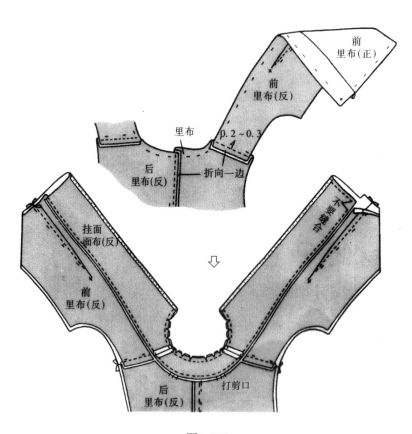

图2-195

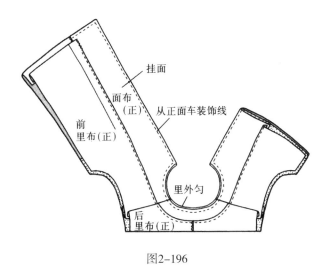

图2-196

款式G···帽子领（图2-197）

帽子领常用于儿童夹克及男女风衣、大衣、运动服等服装中，它兼具实用和装饰的作用。常见帽子领从它的缝合方法上分有：①帽子与衣片缝合固定；②帽子与衣片不缝合固定，根据需要可以脱卸，其结构图见图2-198。

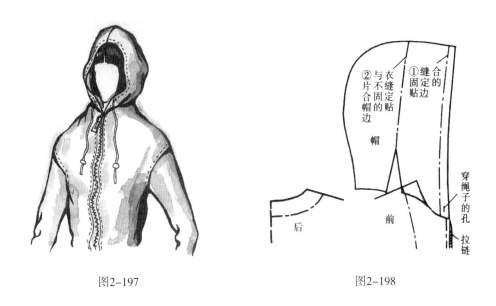

图2-197　　　　　　　　　　　　　　图2-198

（一）帽子与衣片缝合固定

1. **缝合帽子**　帽子的贴边要先加上扣眼之后再卷边车缝，见图2-199。
2. **帽子与衣片缝合**　先缝合挂面与后领贴边的肩线，再将拉链与挂面缝合。最后将衣片和挂面领口的中间夹住帽子一起缝合固定，领口弧线较大处打剪口，见图2-200

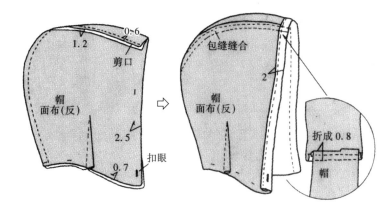

图2-199

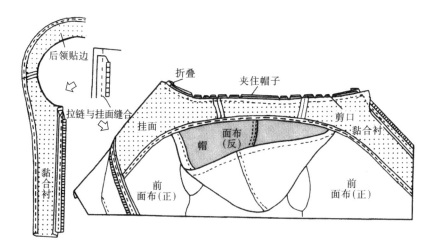

图2-200

3. **向正面翻折，缝合拉链与衣片** 折叠前衣片的边端，放在拉链上面车缝固定，并延续到领口，在帽子的贴边内侧穿进一条线绳，见图2-201。

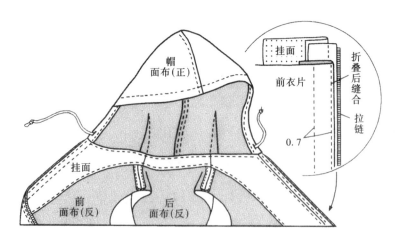

图2-201

（二）帽子与衣片不缝合固定

1. **分别缝合面、里的帽子** 里面的帽片用里布裁剪，和贴边缝在一起，见图2-202。

2. **缝合正面的帽片和里面的帽片** 留下翻折口，将四周缝合，再向正面翻折，手缝翻折口，见图2-203。

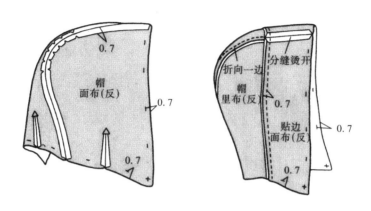

图2-202

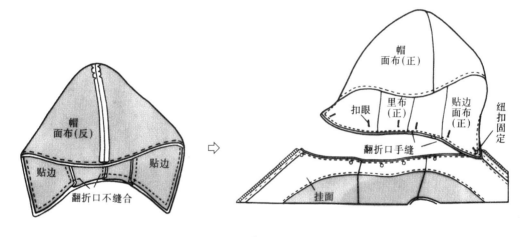

图2-203

思考题

1. 简述贴边处理的V形领口的缝制要点。

2. 简述翻领类领型的缝制原理及要点。

作业

1. 缝制领外口加蕾丝花边的衬衫领一款。

2. 缝制男式衬衫领一款。

3. 选择适当面料缝制西装领一款。

4. 缝制帽领一款。

第三章　袖子

第一节　无袖型

款式A···贴边处理的圆袖窿（图3-1）

　　利用贴边处理的圆袖窿，在缝制时容易使袖窿转弯处松弛，故要特别引起注意，其结构图见图3-2。

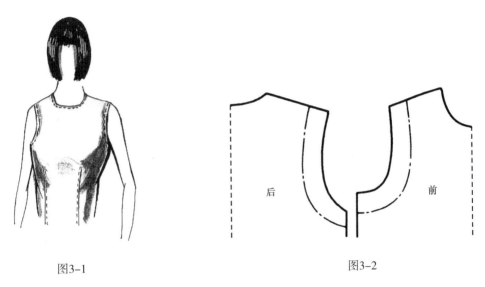

图3-1

图3-2

　　1. **使用面布裁剪贴边**　袖口贴边的缝份要比衣片少0.1～0.2cm，这是为了把袖口整理成里外匀，不使贴边外露，见图3-3。

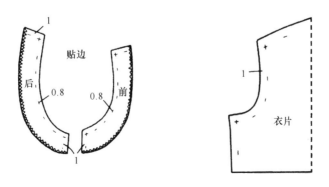

图3-3

2. **缝合贴边、衣片肩线和侧缝** 贴边缝份要修剪为0.5cm，然后用熨斗分开烫平，见图3-4。

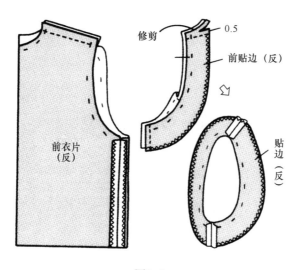

图3-4

3. **把衣片与贴边对正缝合** 将贴边与袖窿的裁剪边缘对正后缝合，缝份为0.7cm，在袖窿转弯处打剪口，以使贴边翻折后，袖窿平整服帖，见图3-5。

4. **整烫贴边形成里外匀** 用熨斗把衣片的袖窿向内侧烫进0.1cm，以形成里外匀。贴边的肩线、侧缝要用手针缝在衣片的相应位置。最后沿袖窿边车一道装饰明线，见图3-6。

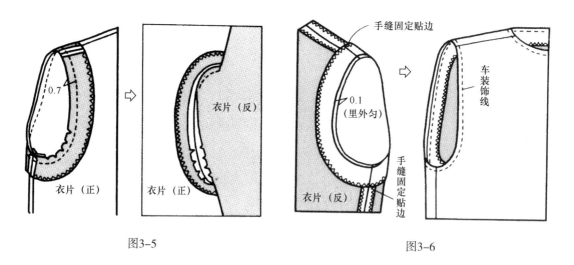

图3-5   图3-6

款式B···卷边缝处理的法式袖Ⅰ（图3-7）

由于此款法式袖袖口是采用卷边缝处理，故在制作时要把袖口止点以下的侧缝线如图稍微向内收一些，就可把袖口折倒，用卷边缝缝制，其结构图见图3-8。

图3-7

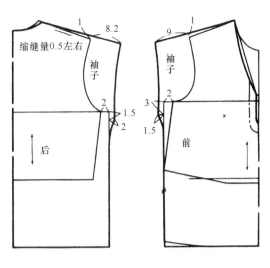

图3-8

1. **放缝**　前、后衣片的肩线、侧缝线分别放缝1.5cm，袖口边的缝份等于装饰明线的宽度加0.7cm左右（最好限制在0.8cm之内）。袖口边下端要增加缝份，否则缝份卷缝后会变得不足，见图3-9。

2. **熨烫袖口卷边**　袖口三折卷边熨斗烫平，其宽度为装饰明线宽加0.2cm，折进的量为0.5cm。然后把肩缝和侧缝三线包缝，见图3-10。

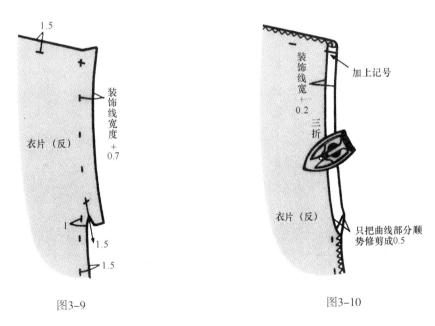

图3-9

图3-10

3. **缝合肩线和侧缝线**　在肩部打开，袖口卷边缝合，侧缝处连袖口卷边一起车缝，见图3-11。

4. **整理袖口**　分别把肩缝和侧缝的缝份分开烫平后，再把袖口整理成三折卷边状，车缝装饰明线，见图3-12。

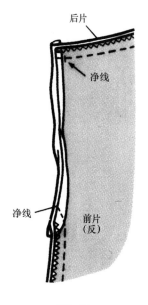

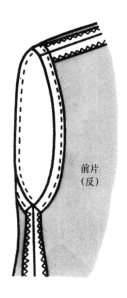

图3-11

图3-12

款式C…加袖口布的法式袖Ⅱ（图3-13）

由于此款法式袖的袖口布另加，故袖口布不直接在衣片上裁出，其结构图见图3-14。

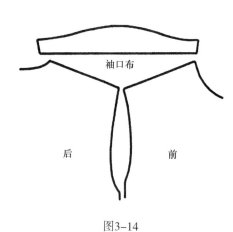

图3-13

图3-14

1. **缝制袖口布** 袖口布要斜裁，如果面布过于柔软，则须烫贴薄型黏合衬，但在此省略，见图3-15。

2. **接缝袖口布** 在衣片的袖口处接缝面袖口布。缝份要修剪为0.7cm左右，在弯曲处打剪口后分缝烫开，见图3-16。

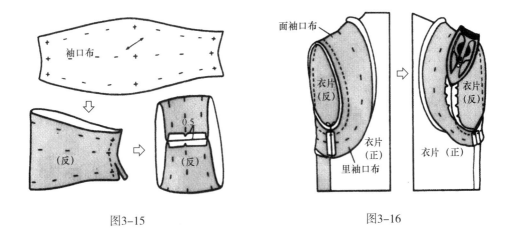

图3-15　　　　　　　　　　　　　图3-16

3. **整理袖口布**　把用熨斗分开后的缝份折向袖口布一侧，放上里袖口布手缝固定，见图3-17。这时要注意弯曲部分的缝份不能被拉紧，或从正面用装饰线车缝固定，见图3-18。

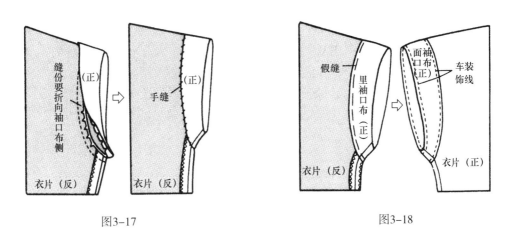

图3-17　　　　　　　　　　　　图3-18

款式D···翻折袖口的法式袖Ⅲ（图3-19）

这是一款极富青春气息的袖口，它是将另外缝制的袖口布与衣片的袖窿一起缝合。在接缝袖口布时，一定要注意袖口布的前端不要在袖下重叠，缝份要修剪得很窄，使袖口平服，其结构图见图3-20。

1. **缝合袖口布**　对正面袖口布和里袖口布的裁剪边缘后缝合。注意不要让面袖口布的角部缩紧，见图3-21。

2. **整理袖口布**　袖口布的外围缝边要修剪得很窄，用熨斗向一侧折烫，再把袖口布向正面翻折，里袖口布里外匀0.1cm左右，熨烫，最后将袖口布折成完成状并加以假缝固定，见

图3-19

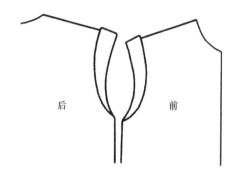

图3-20

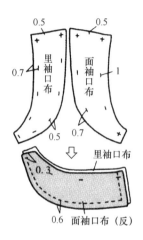

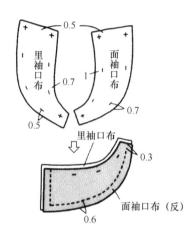

图3-21

图3-22。

3. **接缝袖口布**　把袖口布放在衣片的袖窿上面，再放上斜布条车缝一道线。袖下必须让两片袖口布对正，不能重叠，见图3-23。

4. **手缝固定斜裁布**　为使袖口布平服地固定在袖窿上，在缝份弯曲较大的位置上打剪口。把袖口布折成完成的形状，再把斜布条用手针固定在衣片上，见图3-24。

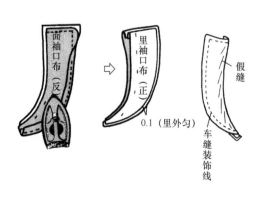

图3-22

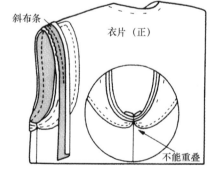

图3-23

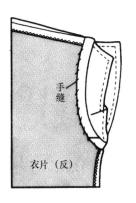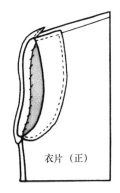

手缝

衣片（反）

衣片（正）

图3-24

第二节　装袖型

一片袖和两片袖的制图要点及检查方法

一、一片袖

（一）制图要点（图3-25）

　　1. **袖口的处理方法**　绘制袖口弧线时，须使其缩缝量（吃势量）在前、后片都相等。如果袖口画成曲线状，那么贴边折叠时就会起吊而不易平整，所采用的方法是：

　　（1）袖口加贴边，但这种方法不多用。

　　（2）将袖口画成直线，这样其完成状就会出现如图3-26所示的袖口外型，但由于缺口在袖的内侧，不影响外观。

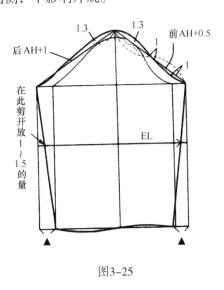

后AH+1

1.3　　1.3　　前AH+0.5

1　　1

在此剪开放1~1.5的量

EL

图3-25

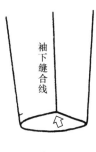

袖下缝合线

图3-26

2. 制作合体一片袖的处理方法 制成符合手臂形状的合体一片袖，有两种处理方法：一是直接在后袖下线的袖肘部位增加缩缝量，见图3-27，这适用于较易缩缝的画料；二是在后袖下线的袖肘部分增加省道，这常用于不易缩缝的面料，见图3-28。

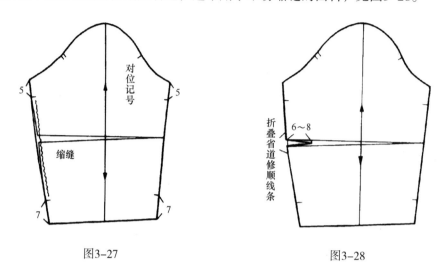

图3-27　　　　　　　　　　　图3-28

3. 袖片的布丝方向 布丝方向要与袖子的纵向中心线同向。

（二）袖子纸样检查

袖子画好之后，要重叠在衣片纸样上进行检查。其方法是：把袖下线重叠后，放在衣片的侧缝线上，袖下点对准衣片的袖窿底点。如图3-29所示是较为理想的袖片纸样，即袖子的曲线比衣片袖窿的曲线稍缓和一些。如果袖子的曲线比衣片袖窿的曲线直（图3-30），缝制后则易吊起而不平整，故在这种情况下，需把袖子的曲线重新绘制成较为理想的状态。

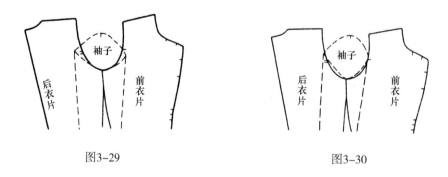

图3-29　　　　　　　　　　　图3-30

二、两片袖

（一）制图要点

1. 以一片袖为基础制图 前、后袖宽各分为两等份，并画出两条直线，袖口线以原型的袖口线为基础，以直线向后延伸，见图3-31。

2．**画出大袖片的前袖缝线**　见图3-32。

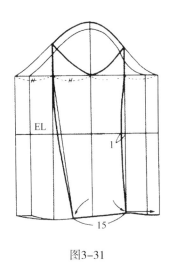

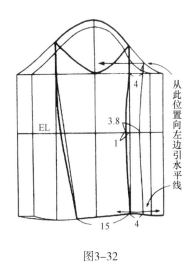

图3-31　　　　　　　　　　　　　　　图3-32

3．**画小袖片的前袖缝线和袖口线**　袖肘线（EL）大袖片侧是3.8cm，小袖片侧是4cm，即大袖片侧曲线A比小袖片侧曲线B稍弯。缝制时，后袖缝线在袖肘线（EL）附近用熨斗拔出，见图3-33。

4．**画大袖片后袖缝线和小袖片后袖缝线**　在袖口开衩处，让前、后袖片线交叉，以线条画顺为佳。这样处理后，袖开衩部位就会缝制得较为平整，见图3-34。

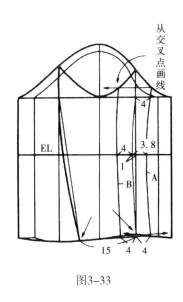

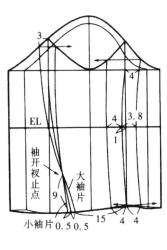

图3-33　　　　　　　　　　　　　　　图3-34

5．**标出大、小袖片的对位记号**　大袖片的后袖线一侧在袖肘线附近稍加归拢，前袖线一侧在袖肘线附近拔开，这样缝制后则符合手臂的弯曲状，见图3-35。

（二）袖片纸样检查

由于小袖片的袖底部分曲线容易出现角状，故须修正为较为缓和的曲线，以使其与衣片袖窿相吻合，这样其袖弧长就会变短一些，所以要剪开放出一定量以补足，见图3-36。

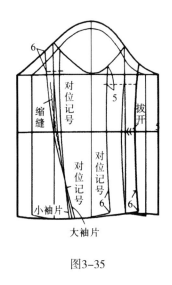

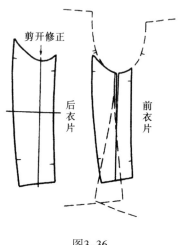

图3-35   图3-36

（三）衣片袖窿与袖子对位记号的标注方法

在缝合衣片和袖子时，须在袖子和衣片的相应位置标注对位记号，以便能使缝制顺利进行。首先要检查纸样上的对位记号，然后把对位记号标注在面料上，前、后片的对位记号最好有所差异才不会出错。记号线在纸样线上要呈直角。

1. 袖山较低，袖子不加缩缝（不加吃势）时对位记号的标注

缝制特点：衣片和袖子缝合后再连续缝合袖下线和侧缝线。

（1）袖山头与衣片的对位：校对衣片的袖窿与袖山弧线尺寸，并使之相对。袖山头的对位记号要对准衣片的肩线端点，然后标注袖山弧线中间的对位记号，见图3-37。

（2）袖底点的对位：如果衣片的袖窿弧长与袖山弧长有差异，则要修正成相等。由于要从袖下线连续车缝至衣片的侧缝线，所以必须把袖下线与侧缝线的连接处修得很圆顺，见图3-38。

2. 袖山较高，袖山弧线加缩缝量时对位记号的标注

缝制特点：分别缝合衣片的侧缝线、袖子的袖下线后，再把袖子与衣片缝合。

衣片袖窿对位记号的标注：把前、后衣片的袖窿底点，放在同一水平线上，在前衣片袖窿1/2左右

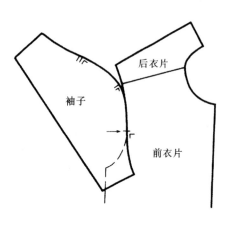

图3-37

的位置标注记号a，后衣片袖窿也水平地在同样位置标注记号b，这就是袖窿的对位记号。侧缝线的位置若在袖窿宽度中间时，侧缝线位置就会成为袖底点的对位记号；若侧缝线偏向前、后的某一边时，则前、后片各自量出对位记号位置到侧缝线的宽度，向外从a点量出（ϕ+▲）的1/2宽，定为c点，作为袖底缝的对位记号，见图3-39。

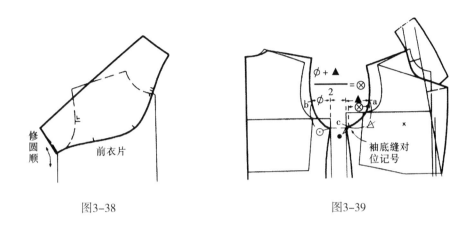

图3-38   图3-39

（四）袖子的制图

从衣片的c点开始分别量出前、后袖窿弧长，重画袖山弧线。

袖子对位记号的标注方法，见图3-40。从前袖底点d往上量出与前衣片袖窿∠相同的尺寸作为记号，然后从此点引一条水平线与后袖山弧线有一个交点，该点为后袖山线的记号。然后量出从这个对位记号到后袖底点e的长度，由于在这段要加上0.3cm的缩缝量（吃势量），所以只要达到衣片的⊙+●的尺寸，再加上0.3cm即可，长度不一致时需要重画。长度不一致时的修正方法如下。

（1）图3-40①是长度不足时的情况，只要稍微增宽袖肥以使长度相等即可（图中虚线部分）。

（2）图3-40②是长度过长时的情况，须在对位记号的位置向上重画袖山弧线（图中虚线部分），对位记号以下就会减短一些。

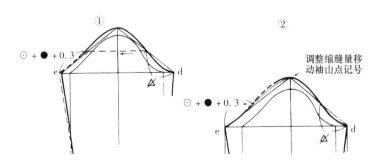

图3-40

最后将前、后袖子的对位记号至袖山顶点的长度与衣片前、后片袖窿对位记号至肩线端点的尺寸相比较，如果其长度大致相等，那只需加上同等长度的缩缝量即可。若有0.3cm以上的差异时，袖山顶点的对位记号就要向较多那边移一点，使加上的缩缝量相等。一般情况下，从袖山顶点向左、右两侧移动的尺寸以0.3cm为限。

款式A···袖窿车明线的衬衫袖（图3-41）

在衣片袖窿线上车明线的袖子，其袖山头的缩缝量几乎很少。袖口边的处理，是先把袖口贴边折成完成状，重叠在袖下缝合线上与袖下线一起缝合，其结构图见图3-42。

图3-41

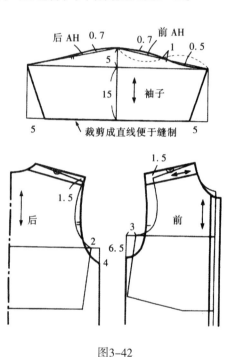

图3-42

1. **修剪袖口贴边**　把袖口贴边按净线向上折叠后烫平，再按袖下线修剪袖口贴边，使之与袖下线重叠，其目的是为了袖口贴边折叠时不会产生不足的量，见图3-43。

2. **袖口边端车缝或卷缝**　见图3-44。

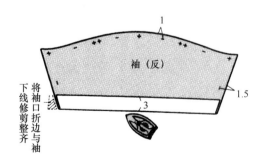

图3-43

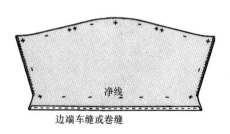

图3-44

3. **装袖子** 把袖子正面与缝好肩线的衣片正面相对，同时对正袖子袖山线和衣片袖窿的对位记号，别上大头针，然后加以缝合。如果把袖子放在上面车缝，缝份会打扭而不易车缝，故只能将衣片放在上面车缝。最后把缝份合在一起三线包缝，见图3-45。

4. **衣片袖窿车明线** 将缝份向衣片折倒，沿袖窿弧线在衣片上车缝明线，见图3-46。

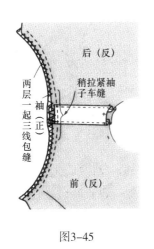 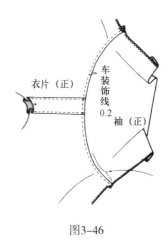

图3-45　　　　　　　　　　　　图3-46

5. **连续从袖下线缝合至侧缝线** 袖下线只缝合到净线为止，见图3-47。

6. **处理袖口贴边** 把前后两片袖口贴边重叠，按净线折成完成状，压在缝合好的袖下线上再缝，见图3-48。

7. **袖口贴边车缝明线固定** 先把袖口贴边翻到正面，再车明线固定，见图3-49。

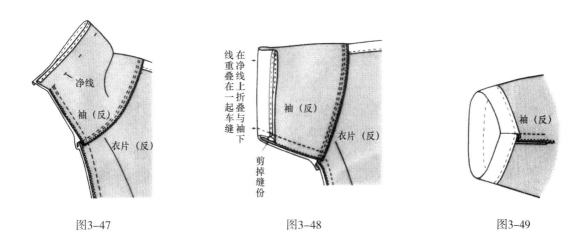

图3-47　　　　　　　图3-48　　　　　　　图3-49

款式B···包缝处理的衬衫袖（图3-50）

这款衬衫袖的结构图见图3-51。

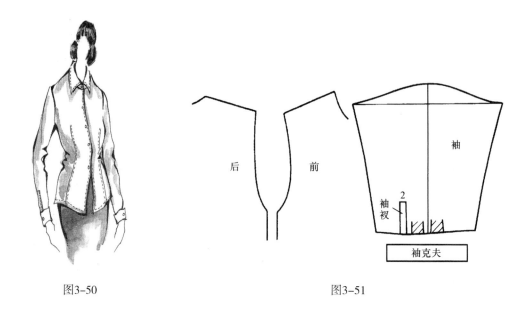

图3-50   图3-51

1. **缝合衣片的肩线** 前片肩线的缝份要比后片肩线的缝份宽，内包缝进行缝合，见图3-52。

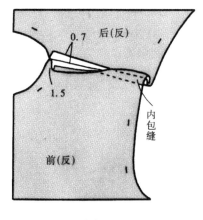

图3-52

2. **袖片放缝及制作袖开衩** 由于缝份用内包缝处理，所以其缝份宽度有特殊要求，见图3-53。

3. **袖子与衣片缝合** 把衣片袖窿和袖片的袖山弧线按对位记号对正后缝合，但要在距袖底点2针处作为完成线的缝合止点，见图3-54。

4. **绱袖采用内包缝方法** 为了不形成重叠，先把缝份分开烫平，衣片袖窿的弯曲处要打剪口。袖侧要把弯曲的缝边拉直，用袖子的缝边内包衣片的缝边，并向衣片侧折倒，上面车缝明线。在袖下侧，为了调整弯曲位置的紧缩程度，要把明线的宽度稍微减少，见图3-55。

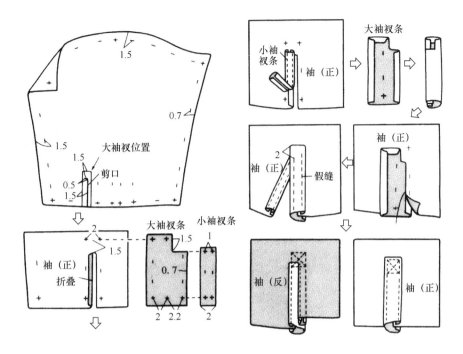

图3-53

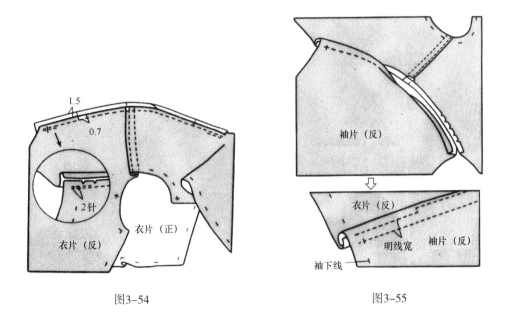

图3-54　　　　　　　　　　　　　图3-55

　　5. **连续缝合袖下线和侧缝线**　对正前、后衣片的袖底点位置，从袖下到侧缝连续车缝。然后将后片的缝份内包前片的缝份，并车明线固定。因袖底点位置缝份会重叠，故要修剪得很薄，把缝份打开或自然折向一侧后，再内包前片的缝份，见图3-56。

　　6. **缝合袖克夫**　缝合袖口和袖克夫，缝份要向袖克夫一侧折倒，然后将袖克夫面布盖住缝份，车缝装饰线固定，见图3-57。

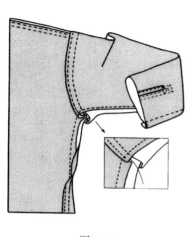

图3-56

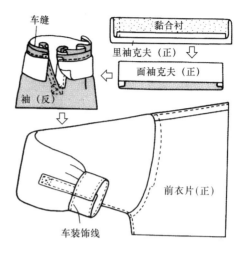

图3-57

款式C···单层加垫肩的一片长袖（图3-58）

一片袖的裁剪及对位记号的标注请参阅本章第二节"一片袖和两片袖的制图要点及检查方法"。缝制时，要对准衣片袖窿和袖片袖山弧线上的对位记号。

1. **衣片袖窿部位烫黏合衬**　毛料等较易伸长的面料，必须在袖窿的缝份上烫贴0.6cm宽的黏合衬，以防其伸长。若是没有里布的服装，黏合衬就烫贴在面料的缝份上，袖子装上后使其藏在两层缝份的里边即可，见图3-59。

图3-58

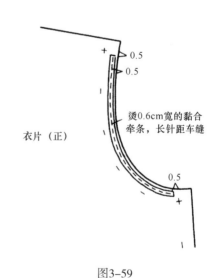

图3-59

2. **手针假缝或长针距车缝袖山弧线**　车缝时，面线要拉得稍紧，缝线距净线0.2cm，然后拉紧面线，使之收缩。袖山顶点的左右由于其布丝呈横向，故基本不缩缝，后袖山比前袖山要多缩缝些，见图3-60。

3. **整理袖山形状** 袖下线缝合后用熨斗分缝烫平，再把袖山头放在烫凳上用熨斗熨烫缩缝，使袖山头形状漂亮饱满，见图3-61。

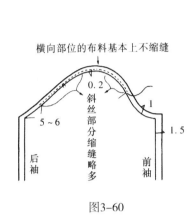

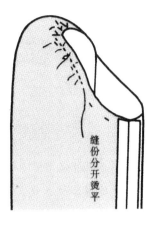

图3-60

图3-61

4. **袖子与衣片袖窿用大头针固定** 把袖子与缝合肩线后的衣片正面相对，先将对位记号用大头针固定，然后在其周围细密地用大头针固定。由于车缝时上层布会被移动而与下层布错位，故要预计此现象，可上、下层错开0.1cm，见图3-62。

5. **车缝固定袖子与衣片** 将袖子放在上面车缝，在缩缝部分可用锥子推送，以免缩缝打褶。袖窿下部可按原针迹车缝两次来加固，见图3-63。

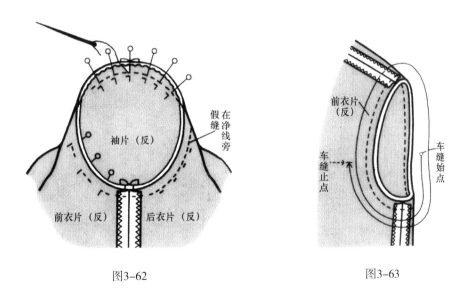

图3-62

图3-63

6. **制作袖山垫布** 为使上衣的袖窿美观，缝制时要加上袖山垫布，若是薄布料（不易缩缝的布料），要采用与衣片相同的布料斜丝对折，用熨斗烫成与袖窿接近的形状。如果是厚布料（如毛料等较易缩缝的布料）可使用纱布铺一层薄棉即可，见图3-64。

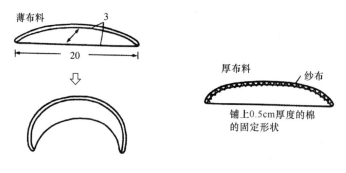

图3-64

7. 把袖山垫布假缝固定在袖山头　见图3-65。

8. 袖窿缝份用三线包缝　如果袖窿缝线不顺直的话，一定要修顺直，否则将影响外观。然后在袖山垫布处再车缝一道线，最后将缝份三线包缝，见图3-66。

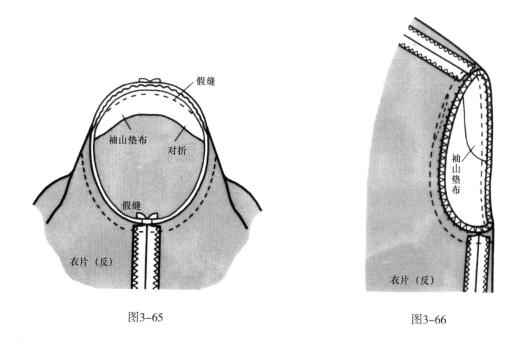

图3-65　　　　　　　　　　　　　　　　　　　　　图3-66

款式D···有里布的合体一片长袖（图3-67）

此款为加里布的一片袖。袖片的裁剪及对位记号标注方法请参阅本章第二节"一片袖和两片袖的制图要点及检查方法"其缝制方法有以下两种。

（一）袖口面和袖口里手缝固定

1. 裁剪袖面、袖里　袖里的缝份及袖口处为使其与袖面里外匀2cm，应按袖面的净线裁剪，见图3-68。

图3-67

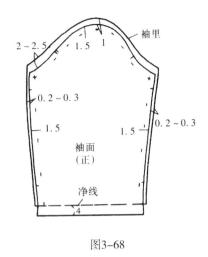

图3-68

2. **归拢袖片，使其形状符合手臂的自然状态** 用熨斗将前袖肘线部位拔开，后袖肘线部分稍加归拢。用大头针临时固定前、后袖下线，看其形状是否定型到符合手臂的弯曲度，见图3-69。

3. **在袖口烫黏合衬** 若用有纺黏合衬，衬布的方向要与袖面布布丝一致或采用斜丝。如袖面布较薄，黏合衬则采用无纺衬，烫在袖口贴边部位，见图3-70。

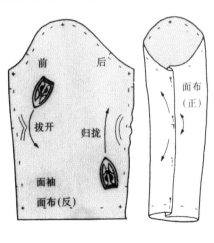

图3-69

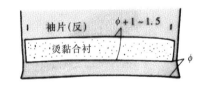

图3-70

4. **缝合袖下缝，处理袖口** 缝合袖下缝时注意后片袖肘的缩缝不要消失，并把前袖一侧放在上面缝合，折叠袖口的缝边要回针固定，袖山要用两道手缝线来缝，见图3-71。

5. **缝制袖里** 袖山缝边要折叠0.7cm，用熨斗固定。把袖里对正，在袖下完成线位置假缝，然后在距完成线0.2cm处加一道车缝。熟练后只要别上大头针代替假缝即可缝合。缝份要从完成线位置向前袖一侧折倒。0.2cm是作为放松量宽度，是为了弥补面布容易伸展的分量（尤其是毛料），而里布相对不易伸展。如在里布所有缝份上加放松量宽度再缝合，既使布料伸展，也不会产生里布因不足而缩紧的现象，见图3-72。

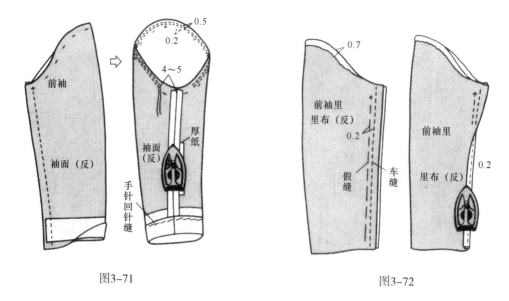

图3-71   图3-72

6. **手缝固定袖面、袖里** 对正面、里袖的袖下线，用手缝松松地在缝份上加以固定，在距袖窿底点和袖口边7～8cm处不缝合，见图3-73。

7. **整理袖口、袖山** 把袖子翻折到正面，一边整理使之成型，一边用假缝固定面、里袖。袖口里与袖口面要里外匀2cm，折烫后用细针手缝。然后稍拉袖山头的双缝线，使之产生缩缝，再将袖山头置于烫凳上，用熨斗将缩缝自然归拢，见图3-74。

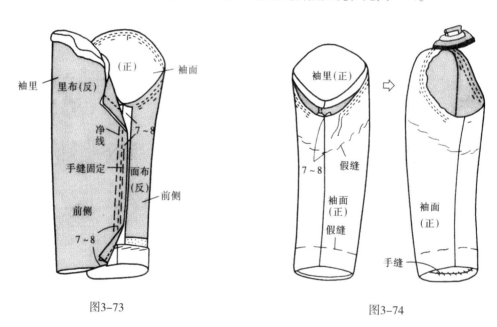

图3-73   图3-74

8. **衣片、袖子缝合** 将衣片与袖子的对位记号对准，先用大头针暂时固定，再将袖山顶部对位记号对准衣片的肩线，用大头针细密地加以固定。然后再假缝固定，假缝线在距完成线稍向内的部位，将袖片放在上面车缝固定。因袖下部位容易脱线，故须重叠车缝两道。最后把袖山头置于烫凳上，用熨斗将缝份向袖子方向推烫，见图3-75。

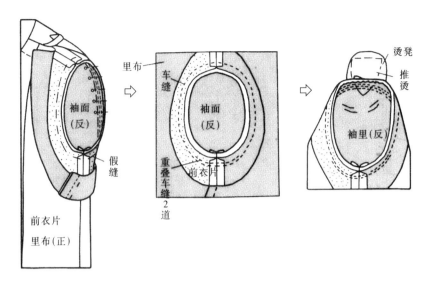

图3-75

9. **将袖山垫布固定在袖窿上**　为使袖山浑圆，均匀美观，须在袖山头固定一块垫布。袖山垫布采用针刺棉或薄的黑炭衬制作，布丝取斜向，然后将其烫成袖山的形状，手缝固定在袖窿的缝份上，见图3-76。

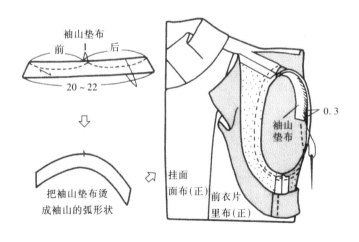

图3-76

10. **绱垫肩**　将衣片里布移开之后，将垫肩放在面布的肩线部位，从正面用大头针固定后试穿。然后从绱袖线向肩外1cm左右的位置，用大头针固定。最后把垫肩厚度的二分之一，用手针缝在袖窿缝份上，同时将垫肩在肩线的缝份上手缝固定，见图3-77。

11. **固定衣片里的肩线**　从衣片面向肩线缝份假缝一道，用以固定衣片里的肩线。先把衣片里肩线的缝份手缝固定在垫肩上，后衣片里的肩线要先将缝份折烫，将其盖在前肩线上，最后用细针手缝加以固定，见图3-78。

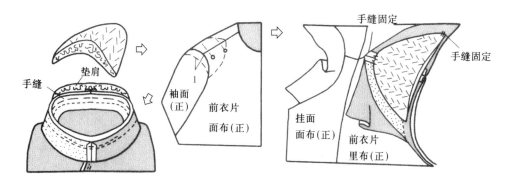

图3-77

12. **将衣片里固定在袖窿上**　从衣片面的装袖线边缘与衣片里假缝固定，然后在假缝线边缘用回针缝把衣片里固定。垫肩部分，用手针缝其二分之一的厚度，见图3-79。

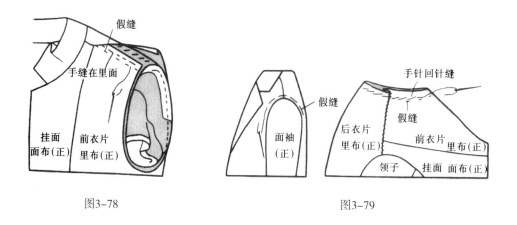

图3-78　　　　　　　　　　　　　　　图3-79

13. **将里袖窿手缝固定在衣片上**　为避免袖里扭曲，将其与袖面对正，用大头针固定在袖窿边，然后用细针手缝一周。因为袖下部位摩擦较大，因此在袖侧向内0.5cm的部位加以星点缝固定，见图3-80。

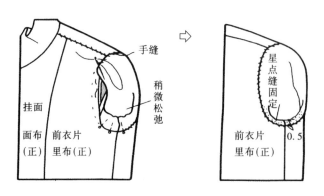

图3-80

（二）袖口面和袖口里车缝固定

把袖面和袖里的袖口（图3-81）正面相对车缝，两端都在净线的2针之前，作为缝合止点。接着连续缝合袖里和袖面的袖下线，为缝合袖里的袖下线，车缝线要距净线0.2cm，袖口里要折成完成状后车缝（图3-82）。再将大袖片里的袖下线在里面手缝固定，最后将袖里向外翻折，整理成形。袖子与衣片的缝合方法同合体一片长袖的第一种缝制方法，见图3-83、图3-84。

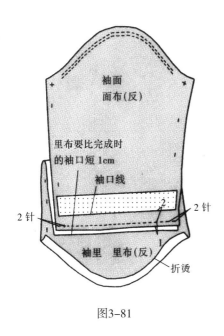

图3-81

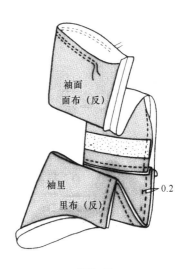

图3-82

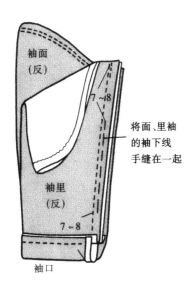

图3-83

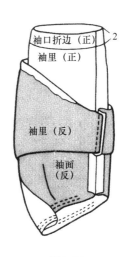

图3-84

款式E···有里布的两片西装袖（图3-85）

两片西装袖由于其外形合体，常用于合体的套装或西服中。其袖口开衩有两种处理方法，一种是袖衩为封闭型，一种是袖衩为活动型。现逐一加以介绍。

制图对位记号的标注请参阅本章第二节"一片袖和两片袖的制图要点及检查方法"，其结构图见图3-86。

图3-85

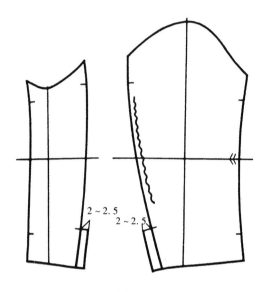

图3-86

（一）袖衩为封闭型袖子的缝制方法

1. **裁剪袖面和袖里** 袖里的袖山和袖下的缝份要多留一些，以作为袖下松度的调节，见图3-87。

2. **在袖面的袖口贴边、大袖片袖衩上烫贴黏合衬** 烫贴黏合衬的作用是保持袖口形态，起定型作用，见图3-88。

3. **缝合袖面、袖里的后袖缝线** 先缝合袖面的后袖缝线，然后将小袖片的开衩止点打剪口，袖衩贴边折向大袖片。袖里的车缝在完成线外侧0.2~0.3cm处，然后将缝份向大袖片一侧烫倒，见图3-89。

4. **缝合袖面、袖里的袖口** 对正袖面和袖里的袖口贴边后，缝合到距净线2针的位置为止，见

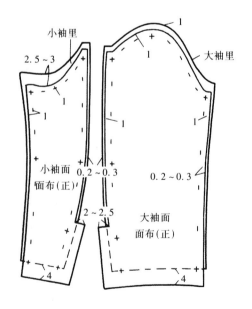

图3-87

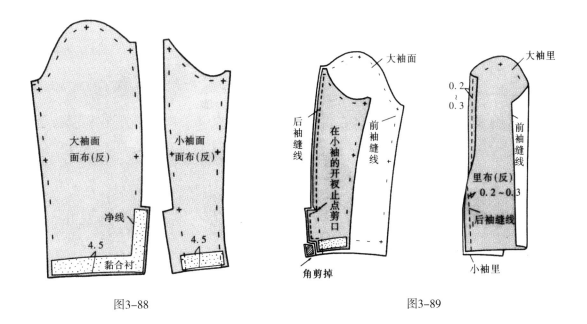

图3-88

图3-89

图3-90。

5. **缝合袖面、袖里的前袖缝线**　在反面将袖面、袖里假缝固定，袖面袖下缝线按净线车缝，袖里袖下缝线车到距净线0.2～0.3cm处，以调节袖里的松量，见图3-91。

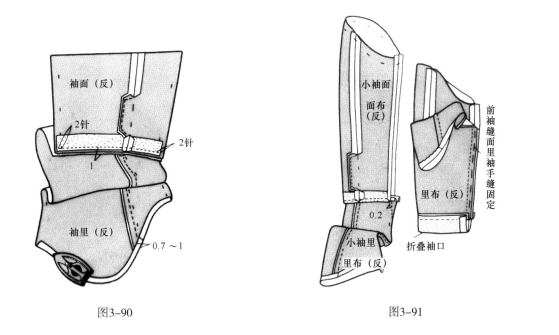

图3-90

图3-91

6. **把袖里向表面翻出**　在袖面的袖山弧线上加两道长针距车缝，用以归缩袖山的吃势。袖面和袖里定型以后，从正面用手针假缝固定，见图3-92。

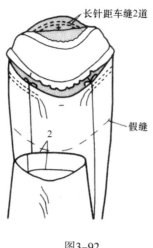

图3-92

（二）袖衩为活动型袖子的缝制方法

1. **裁剪袖面**　见图3-93。
2. **在袖面的袖口及袖衩贴边烫贴黏合衬**　见图3-94。

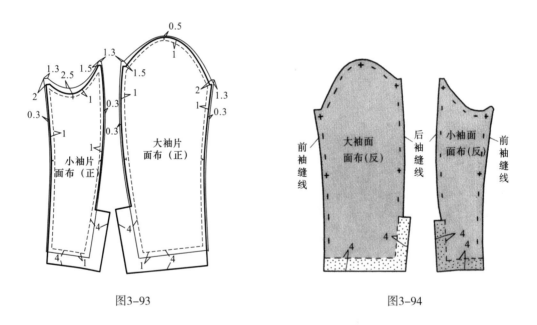

图3-93　　　　　　　　　　　图3-94

3. **将大袖片面的袖口用划粉划出袖衩的缝合记号**　见图3-95。
4. **缝合大袖片袖口开衩**　先将面布大、小袖片的前袖缝线缝合，并分缝烫开，然后按大袖片面的袖口划粉记号车缝袖开衩。缝线距袖口边1cm，并回针固定。最后将袖衩的尖角部位剪掉，烫开缝份，见图3-96。
5. **缝合小袖片袖口开衩**　先将袖口贴边按净线折叠4cm并烫平，在距袖口贴边1cm处

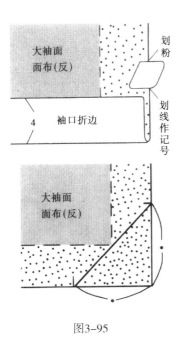

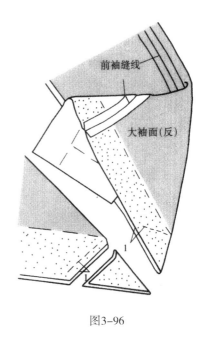

图3-95　　　　　　　　　　　　　　　　图3-96

车缝固定小袖袖口开衩。然后车缝后袖缝线，最后将小袖口贴边沿1cm折倒，用大头针固定，见图3-97。

　　6. **缝合大、小袖片的袖衩，并整理贴边**　见图3-98。

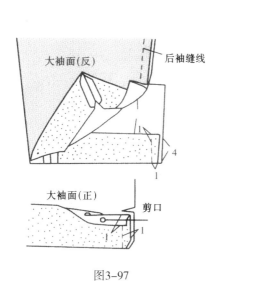

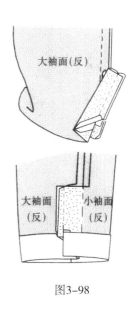

图3-97　　　　　　　　　　　　　　　　图3-98

　　7. **缝合袖里**　缝合袖里的前、后袖缝，并将缝份折倒0.3cm烫向大袖片，见图3-99。

　　8. **缝合袖口**　缝合面、里袖的袖口，并用三角针加以固定，见图3-100。

　　9. **翻袖里**　将袖里翻出，整理大袖片里的袖口贴边，然后在大袖片面的袖山弧线外用密缝针缝上两道，见图3-101。

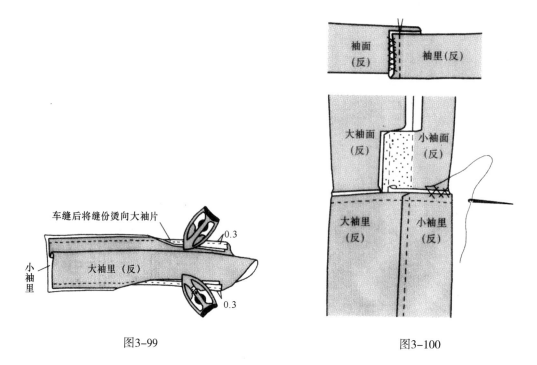

图3-99　　　　　　　　　　　　　　　　　图3-100

10. **翻袖面**　将袖面向外翻出，用手抽紧密缝线，然后将它置于袖烫凳上把抽褶烫平，见图3-102。具体装袖方法请参照本节款式D。

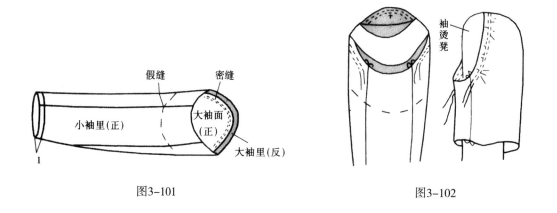

图3-101　　　　　　　　　　　　　　　　　图3-102

款式F···袖山打褶的礼服袖（图3-103）

在袖山上打褶裥，以呈现蓬松感，使袖口显得细而窄，常用于晚礼服和婚礼服上。面料宜采用稍有硬度的丝绸、天鹅绒、中等厚度的毛料等，其结构图见图3-104。

1. **裁剪袖片和袖口贴边**　用纸样折叠袖山的褶裥，修正缝份后，再裁剪。在贴边的反面烫贴黏合衬，见图3-105。

2. **裁剪里布**　在袖山上加里布（薄绸等）的目的是增加其厚度，然后用手缝针将其固定在袖面的缝份上，见图3-106。

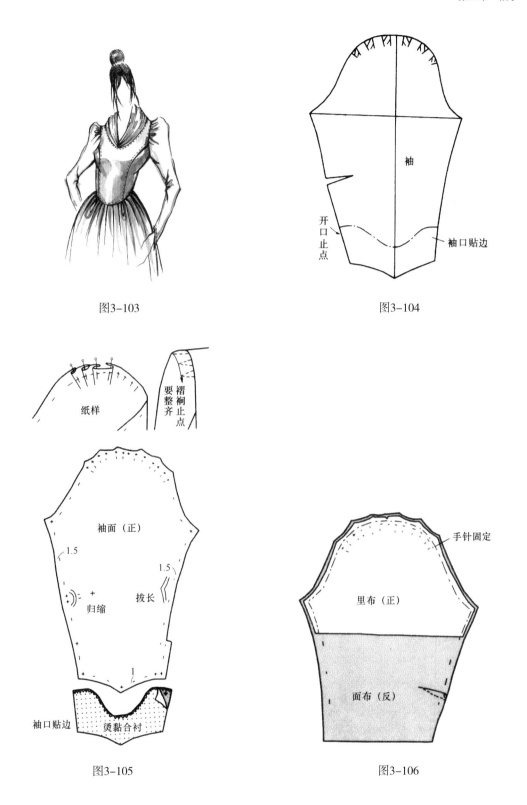

图3-103

图3-104

图3-105

图3-106

3．**在袖口开衩处缝布环**　先将布环缝制好，用手针假缝或车缝固定在袖衩的缝份上，见图3-107。

4. **缝合贴边**　为使袖口边不收缩，贴边缝合后，在缝份的弯曲部位打剪口。然后向正面翻出，用熨斗将袖口边烫成里外匀，再假缝固定，见图3-108。

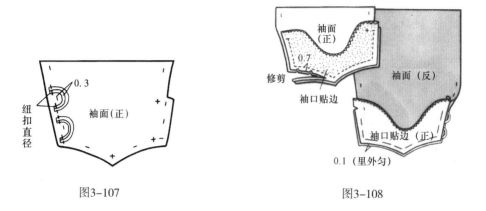

图3-107　　　　　　　　　　　　图3-108

5. **缝合袖下线**　在缝合之前，再次用熨斗把前、后袖肘的位置加以归拔定型。把贴边移开后，缝合到袖下缝的开衩止点，然后手缝固定贴边，见图3-109。

6. **绱袖子**　把袖山褶裥折好后，用手按住，手针缝一道。对正袖子和衣片的对位记号后，车缝一周，注意不要弄乱褶裥的方向。袖山的缝份要多留一些，以支撑褶裥，见图3-110。

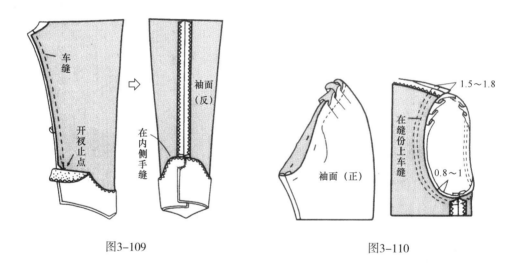

图3-109　　　　　　　　　　　　图3-110

7. **加袖山垫布**　为使袖山呈现蓬松感，使用珠罗纱作袖山垫布，用回针缝将其固定在袖山上。袖窿的缝份用手针将两层一起手缝固定，见图3-111。

8. **整理袖口，钉纽扣**　在袖口贴边一侧加星点缝固定，见图3-112。

款式G···泡泡袖（图3-113）

该袖由于其外形抽许多细褶呈泡泡状而得名，它给人以活泼可爱的感觉，常用于童装

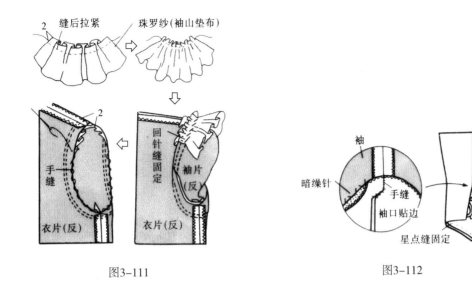

图3-111   图3-112

及女装中。其袖子有长短之分，而缝制方法是一样的。现以短袖加以说明，其结构图见图3-114。

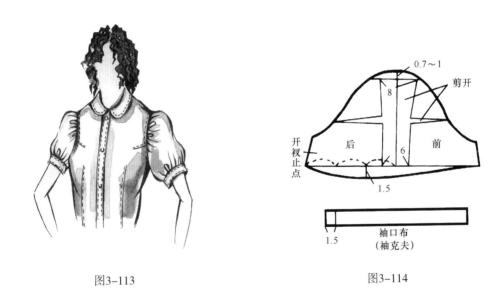

图3-113   图3-114

1. **裁剪** 袖片四周各放1cm缝份，袖克夫放出1倍的宽度后，再在四周放1cm缝份。

2. **假缝袖山弧线和袖口弧线** 先将针距放长，在袖山和袖口位置车缝，车缝至抽褶止点为止。再抽缩袖山弧线，拉出其中的一根线，抽到与衣片的袖窿长度一致为止；要求袖山外观不能出现细褶而袖口有较多的细褶，拉出其中的一根线进行抽缩，其长度要求与袖克夫等长，抽褶要均匀，见图3-115、图3-116。

3. **袖子与衣片缝合** 见图3-117、图3-118。

4. **做袖克夫** 袖克夫反面烫贴黏合衬，对折后两端缝合，分缝烫开翻至正面烫成完

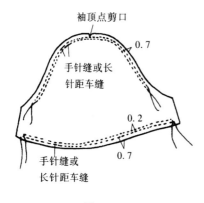

图3-115

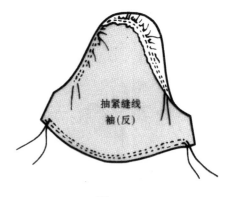

图3-116

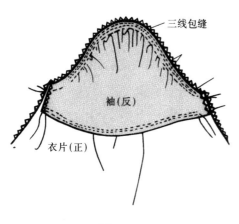

图3-117

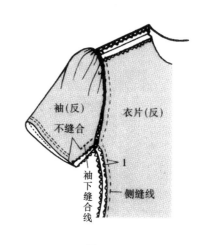

图3-118

成状，见图3-119。

5. 装袖克夫

（1）先检查袖口抽褶长度是否与袖克夫等长，见图3-120。

（2）为了便于缝制，可先将袖克夫与袖口假缝或用大头针固定，然后车缝，见图3-121。

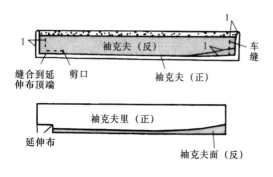

图3-119

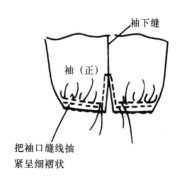

图3-120

（3）车缝后拆去假缝线，然后将袖克夫里侧与袖子手缝固定或车缝固定，见图3-122。

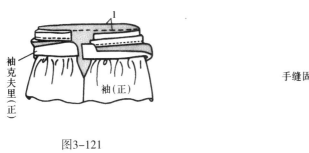

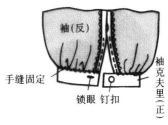

图3-121

图3-122

第三节　垫肩的制作及安装

垫肩是塑造服装肩部形状的服装辅料。服装肩部的外观造型、流行特点是通过垫肩体现出来的，它的形状各种各样，其厚度也各不相同。现介绍两种较有代表性的垫肩制作及安装方法，见图3-123。

（一）普通型垫肩

1. **制作垫肩**　取一块面布或里布，布丝方向如图3-124所示，并按垫肩的形状剪下。对折布料后，按垫肩的形状修剪，再加以车缝，最后三线包缝，如图3-125①。折叠里侧多余的部分后，再手缝固定，见图3-125②。

2. **安装垫肩**　在垫肩上标出a点，将此点稍向外移1～1.5cm，再从衣片肩部正面用大头针暂时固定。然后将垫肩手缝固定在袖窿的缝份及肩部的缝线上（固定垫肩前一定要试穿，看其位置是否合适），见图3-126。

图3-123

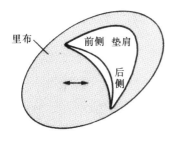

图3-124

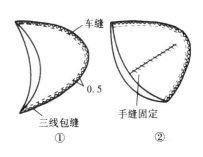

图3-125

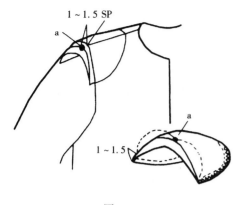

图3-126

（二）连肩袖用垫肩

1. **制作垫肩** 取面布或里布按垫肩的大小裁剪成两块（需多留缝份），按垫肩形状取省道车缝，使之形成浑圆状。然后车缝四周，再三线包缝，见图3-127。

2. **安装垫肩** 在垫肩的最高点标出衣片肩部a的位置，将此点向外移2～3cm，再从衣片肩部端点正面用大头针暂时固定。试穿后看其位置是否合适，再将垫肩手缝固定在肩线的缝份上，见图3-128。

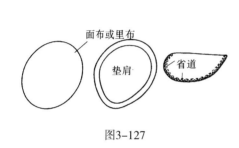

图3-127

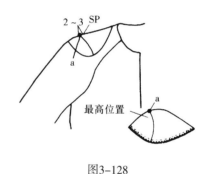

图3-128

第四节 连衣袖

图3-129

款式A···两种缝制方法的插肩袖（图3-129）

插肩袖的缝制有简易无里布缝制法和有里布精制法。简易无里布缝制法的特点是先把袖子和衣片缝合后，再连续车缝袖下和侧缝。有里布精制法的特点是先分别缝合衣片的侧缝和袖子，然后再缝合袖子和衣片，其结构图见图3-130。

1. **简易法样板检查** 把衣片和袖子如图3-131所示重叠起来，查看袖下缝到侧缝的连接是否顺畅，如不顺畅要加以修正。

2. **精制法样板检查** 一是要检查前、后袖片的袖下缝重叠后其弧线是否顺畅，如不顺畅要加以修正，重新画，袖下缝修正的量要在前、后衣片的侧缝外加以补足。二是检查前、后衣片在侧缝处的

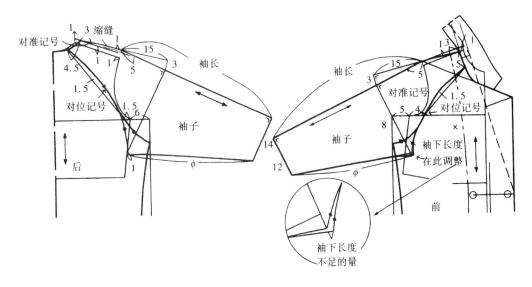

图3-130

弧线是否圆顺，见图3-132。

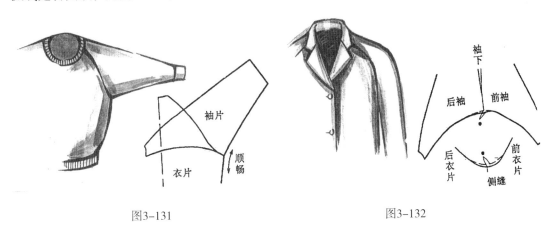

图3-131　　　　　　　　　　　　　图3-132

（一）简易无里布缝制法（图3-133）

1. **分别把袖子与衣片缝合**　除领子外，其余的缝份都用三线包缝。前、后袖片先把袖口贴边折叠烫平。在贴边内侧加净线记号，然后把前、后袖片各自与前、后衣片缝合，见图3-133。

2. **分别烫平袖片与衣片的接缝线**　若接缝线弧度太大时，缝份会起吊，则可把这部分的缝份向袖子一侧烫倒，见图3-134。

3. **缝合肩线**　对正肩线的对位记号，后肩线稍加缩缝与前肩线缝合。车缝时必须把前片放在上面进行车缝，见图3-135。

4. **连续缝合袖下缝至侧缝**　缝合袖下缝至侧缝后缝份分开烫平，把袖口贴边折叠后用三角针固定，见图3-136。

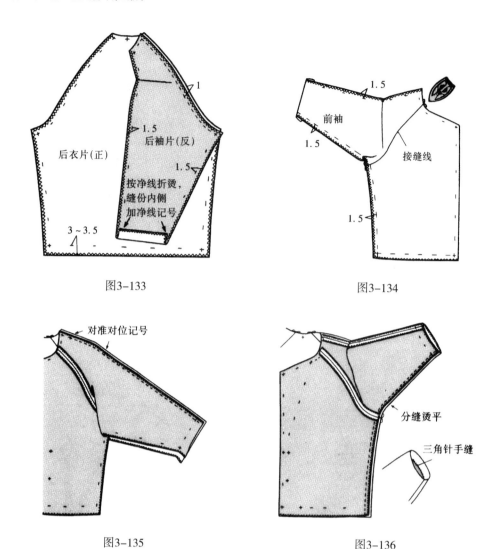

图3-133

图3-134

图3-135

图3-136

图3-137

（二）有里布精制法（图3-137）

精制法缝制要点是通过归拔工艺加以定型，使肩膀呈现出优美浑圆的立体感。

1. **裁剪袖面和袖里**　袖里的袖口按完成线裁剪，其余部分缝份要多加些，见图3-138。

2. **袖面要加以归拔**　后袖片的肩线要稍加归拢，从外肩点到袖肘则稍微拔长。前袖片肩线要稍拔长，从肩膀线到袖肘尤其要拔长。为使肩线的定型不至于消失，要烫贴黏合牵条，牵条要贴在靠完成线1/3左右的袖侧，见图3-139。

3. **在前、后衣片的插肩线烫贴黏合牵条**　因为插肩袖的肩线部位是斜丝，容易伸长，所以要烫贴黏合牵条以防伸长。烫牵条

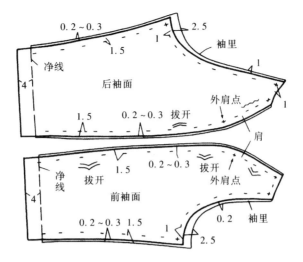

图3-138

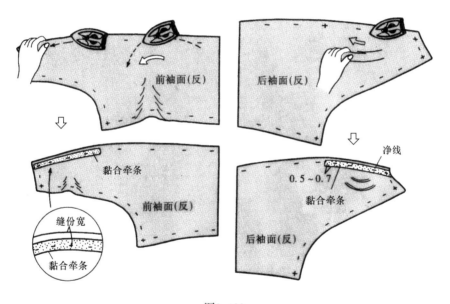

图3-139

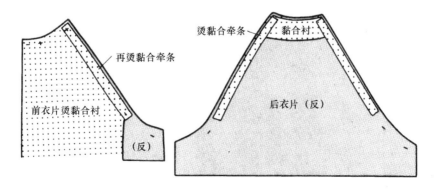

图3-140

时，必须注意不要影响到背部的浑圆以及胸部的形态，松松烫一下即可，见图3-140。

　　4. **在袖口贴边烫贴黏合衬**　缝合前、后袖中线，袖口黏合衬要斜裁。袖中线的缝份要先分缝烫开，然后把后袖片的缝份修剪得较窄，再把前袖片的缝份向后袖片折倒。在袖口贴边处的缝份仍要分缝烫开，故在完成线处打剪口，见图3-141。

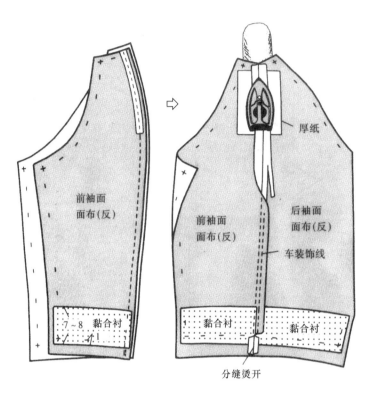

前袖面
面布(反)

7～8　黏合衬

厚纸

前袖面
面布(反)

后袖面
面布(反)

车装饰线

黏合衬　　黏合衬

分缝烫开

图3-141

　　5. **缝合袖面袖下缝，处理袖口**　缝合袖面袖下缝后，将袖口贴边向上折烫，并用手针将贴边固定，见图3-142①。

　　6. **缝合袖里，与袖面在内侧手缝固定**　袖里要从净线外侧0.2cm处车缝。与袖面固定时，距袖窿围处7～8cm、距袖口处10cm左右不缝合，其余在车缝线外侧手缝固定，见图3-142②。

　　7. **手针固定袖口**　袖里向正面翻折，袖口里外匀2.5cm，用细针手缝固定，见图3-142③。

　　8. **在衣片上加一道假缝**　整理衣片的面、里布，并使之对正后，用针手缝固定前、后衣片的里和面，见图3-143。

　　9. **绱袖子**　袖面和衣片面对正，用手针假缝后再车缝固定。在弯曲弧度较大的绱袖线处要先打剪口后再分缝烫开。此处以下由于弧度更大，要折向一边烫倒。如要车明线时，则要把缝份先分开，再折向袖子一侧，见图3-144。

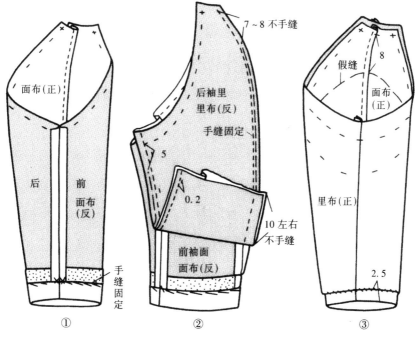

图3-142

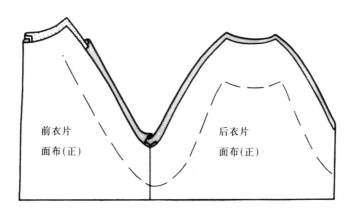

图3-143

10. **手针固定袖里的缟袖线** 一边让衣片里加以定型，一边在缟袖线的边缘假缝固定。然后将袖里放在假缝线上，用手针细密地缝合，袖底部分要用星点针固定，见图3-145。

款式B···两种缝制方法的肩章式连肩袖（图3-146）

将袖口画成直线，缝合会方便些。为使肩点处圆顺，肩袖省止点定在肩点下降5cm处。此款连肩袖的缝制方法有两种，其结构见图3-147。

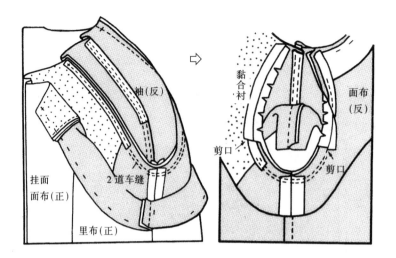

图3-144

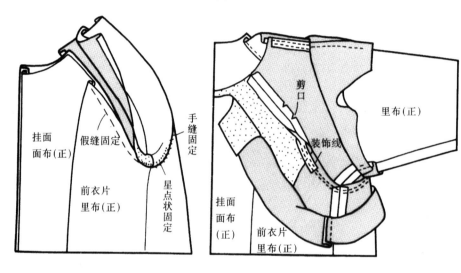

图3-145

图3-146

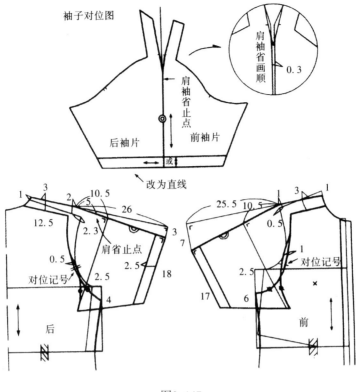

图3-147

（一）缝份向袖片折倒，袖缝线车装饰明线

1. **加对位记号** 由于缝合时角部易错位，故要加对位记号，见图3-148。

2. **处理袖片的转角** 转角有浑圆状和角状，其处理方法均要加一块加固布。加固布采用里布车缝后打剪口，见图3-149。

3. **衣片和袖片缝合** 转角的加固布向缝边分开，将衣片和袖片对正后连续缝合，然后两片一起三线包缝，见图3-150。

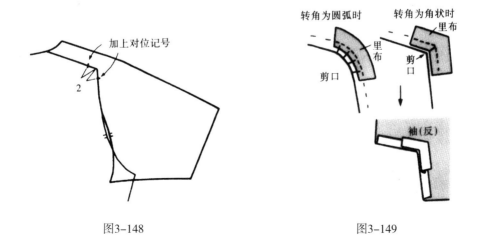

图3-148

图3-149

4. **缝合处车明线**　衣片和袖片的缝合线向袖片一侧折倒后，在袖片正面沿缝线车明线，肩袖省在缝合前打剪口，使缝份保持在0.7cm左右，见图3-151。

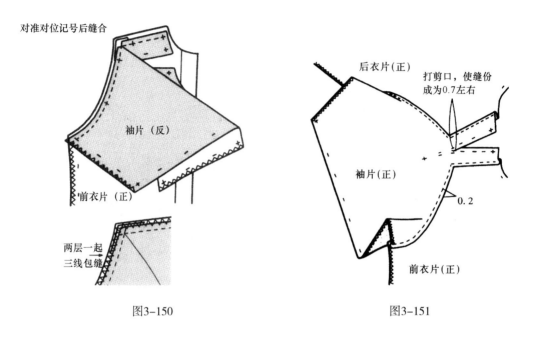

图3-150　　　　　　　　　　　　　　图3-151

5. **缝合肩袖省**　缝份三线包缝后，向前衣片折倒。然后连续缝合袖下缝至侧缝。袖克夫的缝制方法请参照本章有关款式，见图3-152。

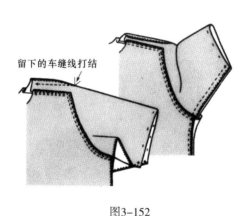

图3-152

（二）缝份向衣片折倒，衣片按缝线车明线（常用于薄型面料）

1. **缝合袖围**　按净线扣烫衣片肩章接缝线，然后缝合袖围，见图3-153。

2. **衣片正面车明线**　把缝份向衣片一侧烫倒，然后在衣片正面车明线固定缝份。其余步骤及缝制方法同前，见图3-154。

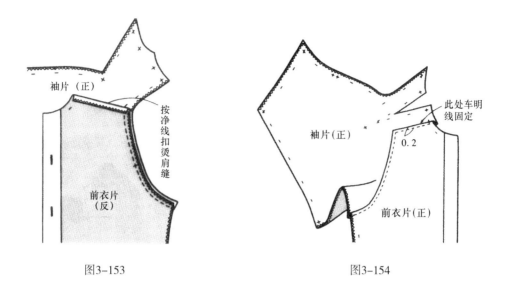

图3-153   图3-154

款式C…加裆布的和服袖（图3-155）

这是一款与衣片连裁的袖子。若想缝制成像手臂自然弯曲的形状，又不想在腋下形成太多的皱褶，就要加上裆布加以补足。裆布可以采用没缝合线的菱形面料，但在袖下仍要有缝合线，这样便于缝制，其结构见图3-156。

先画出后衣片的肩袖中线、袖口线、袖下线，然后确定A点，从A点各自在袖下缝和衣片侧缝取10.5cm作为与裆布的接缝线。前袖是画好肩线、袖中线、袖口线、袖下线后，

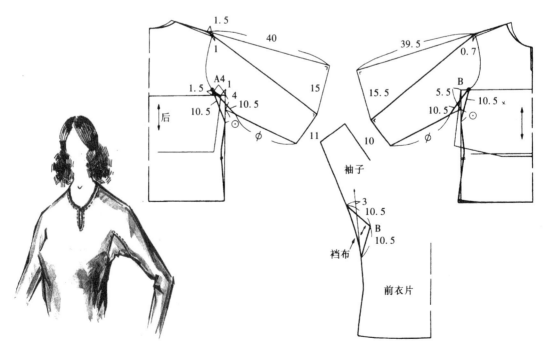

图3-155   图3-156

从袖口量取与后片袖下线∅相同的尺寸。前侧缝从原型袖窿底点向下取得5.5cm后再量取⊙尺寸，从各自的位置画10.5cm的弧线以确定B点。

档布的绘制，在前衣片向上延长则缝线，从B点向这条延长线并向外离开这条延长线3cm处，画一条10.5cm的直线。把袖子的纸样重叠在上面，用圆顺的线条连接衣片的侧缝线至袖下线。后片档布也用同样的方法绘制。

1. **档布与前衣片缝合**　按衣片与档布的接缝线，将档布放在上面，沿净线车缝。在衣片角的部位，可涂上薄糨糊或在反面烫贴一小块黏合衬，用熨斗烫平，以防脱线，见图3-157。

2. **将衣片的腋下剪开**　先把档布翻开，将缝份烫平，再将衣片的腋下剪开，然后把档布与衣片的另一边缝合，见图3-158。

3. **车明线**　从正面车明线，后片方法相同，见图3-159。

4. **缝合袖下线**　把前片和后片重叠，从侧缝连续车缝至袖下线，见图3-160，并将缝

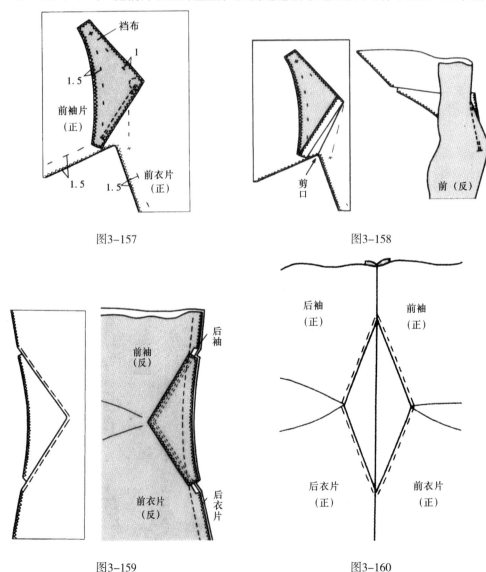

图3-157　　　　　　　　　　　　图3-158

图3-159　　　　　　　　　　　　图3-160

份分开烫平。

款式D···加五角裆布的和服短袖（图3-161）

五角形的裆布要斜裁，缝合时注意不要扭曲。为使衣片的转角部位不脱线，事先要对转角进行处理，其结构见图3-162。

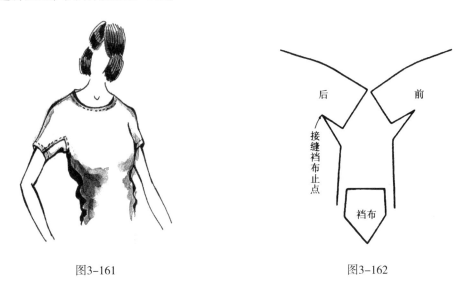

图3-161　　　　　　　　　　　　　　　图3-162

1. **裁剪衣片和裆布**　剪到衣片的裆布接缝点为止，打上一道剪口，见图3-163。

2. **缝合衣片的侧缝，处理转角部位**　在衣片侧缝的顶端部位烫贴黏合衬，然后缝合侧缝线。再在接缝裆布的止点处车缝加固布处理转角部位，最后按净线扣烫缝份，见图3-164。

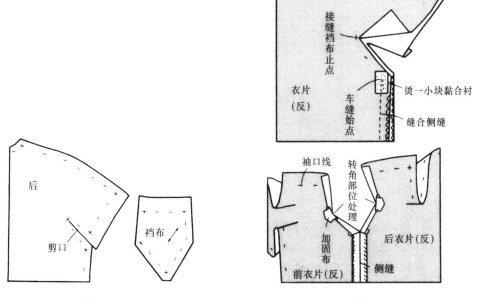

图3-163　　　　　　　　　　　　　　　图3-164

3. **缝合裆布** 衣片和裆布缝合时，必须注意转角部位不能把加固布一起缝上。缝份要三线包缝。为了便于缝合裆布，肩线和袖中线事先不要缝合，见图3-165。

4. **用明线固定裆布** 用熨斗熨烫裆布后，在缝合位置的边缘车一道明线，见图3-166。

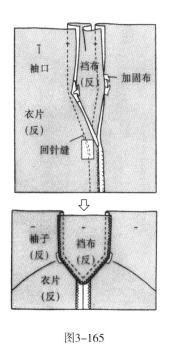

图3-165

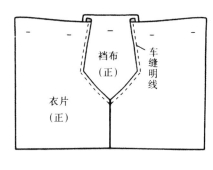

图3-166

5. **缝合肩袖线** 把前衣片放在上面加以车缝，见图3-167。

6. **手针固定贴边** 在袖口贴边处的裆布缝份要打剪口后再分缝烫开，然后折叠贴边，并用手针固定，见图3-168。

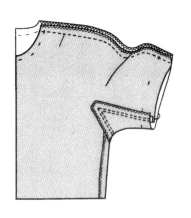

图3-167

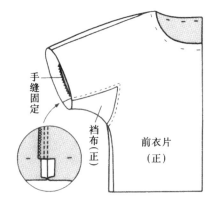

图3-168

第五节 袖口

款式A···连裁的外翻边袖口 I（图3-169）

缝合袖下线时，要连同外翻边袖口一起缝合，其要点是在外翻边加上外层的松量，其结构见图3-170。

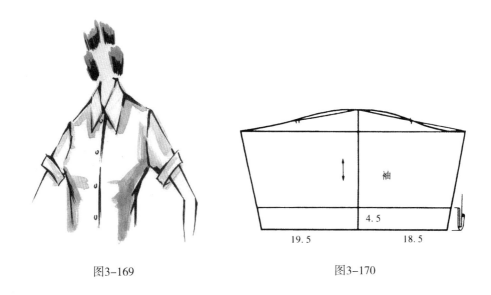

图3-169 图3-170

1. **粗略裁剪袖片** 先按净线画好，再在边缘多放些缝份，粗略地加以裁剪。然后把袖口外翻边折叠烫平，再与袖下线一起裁剪，见图3-171。

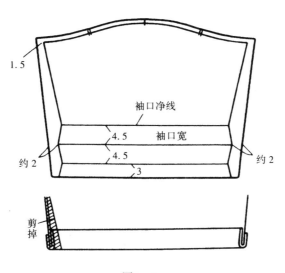

图3-171

2. **三线包缝袖下线和袖口线** 在袖口外翻边处，根据布料的厚度加上0.3～0.5cm的外层松量，见图3-172。

3. **缝合袖下线** 装上袖子之后，从侧缝线连续车缝至袖下线，在袖口贴边处剪掉角部，见图3-173。

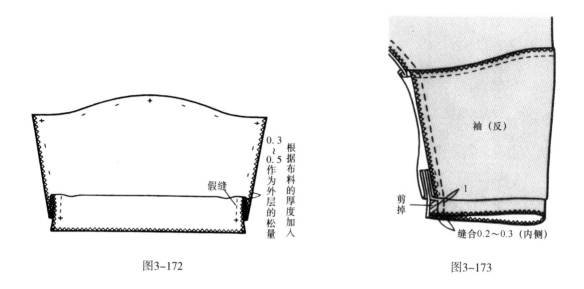

图3-172　　　　　　　　　　　　　　　　　　图3-173

4. **缝制袖口** 将袖下缝缝份烫开，把袖口贴边折叠烫成完成状，再用针将袖口贴边手缝固定，见图3-174。

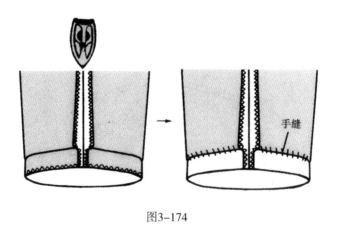

图3-174

款式B…连裁的外翻边袖口Ⅱ（图3-175）

这种缝制方法常用于衬衫袖口和儿童裤脚口，它是采用在袖口外翻边上车缝明线的方法取得，明线的宽度要在0.5cm以上，其结构见图3-176。

图3-175

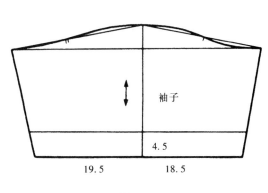

图3-176

1. **裁剪袖片**　画好净线后，在纸样的袖口线上剪开，加上2倍明线的宽度，然后在四周放缝，见图3-177。

2. **缝制袖口**　把袖口贴边插入褶裥里，然后在袖口正面车装饰明线，见图3-178。

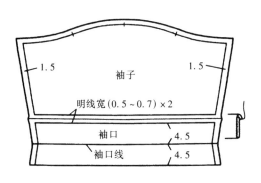

图3-177

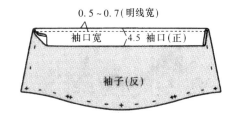

图3-178

3. **包缝袖下线**　把袖口折烫成完成状，三线包缝袖下线，见图3-179。

4. **缝合袖下线**　缝合袖下线后将缝份烫开，用手针固定边端，见图3-180。

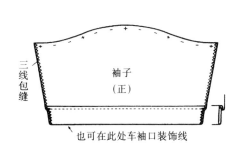

图3-179

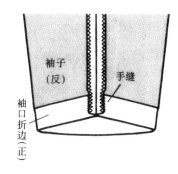

图3-180

款式C···衬衫开衩袖口Ⅰ（图3–181）

衬衫开衩袖口的结构见图3–182。

图3–181

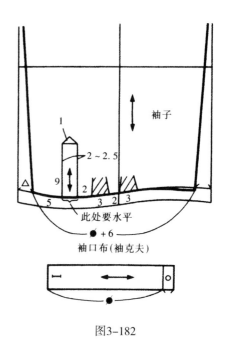

袖口布（袖克夫）

图3–182

1. **折烫袖克夫** 先将袖克夫烫贴黏合衬，然后将其一侧的缝份，从净线拉出0.2cm，即折烫0.8cm的缝份，见图3–183。

2. **缝合袖克夫** 将袖克夫与车缝成筒状的袖子缝合，见图3–184。

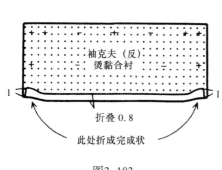

图3–183

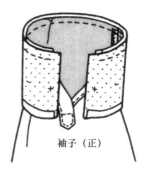

袖子（正）

图3–184

3. **缝合袖克夫两端** 注意要在缝合净线记号外0.1cm处车缝，这样就能缝制得很漂亮，见图3–185。

4. **将袖克夫翻到正面** 整理成完成状后，先假缝固定袖克夫，再从正面车缝明线。然后锁上扣眼，见图3–186①。

明线宽度较宽时，袖口里的边端，要从正面车缝固定，见图3–186②。

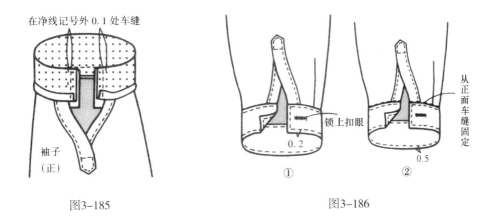

图3-185　　　　　　　　　　　图3-186

款式D…衬衫开衩袖口Ⅱ（图3-187）

该袖口是在袖下缝合线处开口，常适合于蓬松的泡泡袖，如女装及童装，其结构见图3-188。

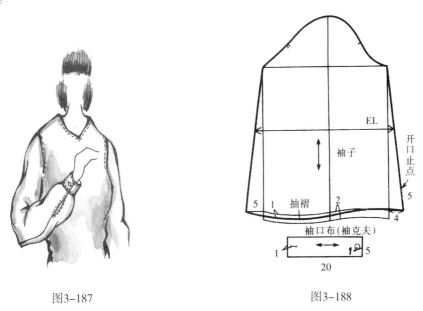

图3-187　　　　　　　　　　　图3-188

1. **做袖克夫**　在袖克夫反面全部烫贴薄黏合衬，缝合两端后，翻到正面，整烫成型，见图3-189。

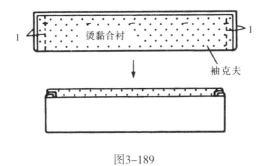

图3-189

2. **袖克夫与袖子接缝** 袖子呈打开状，在袖口一侧抽细褶，然后将袖克夫与其缝合。车缝时，袖子放在上面，一边用锥子推送细褶，一边车缝，见图3-190。

3. **三线包缝缝份** 将袖下开口的缝份包住袖克夫，车缝固定在袖克夫上，注意线迹必须与袖克夫的缝线平行。最后将袖克夫与袖口的缝份三线包缝，见图3-191。

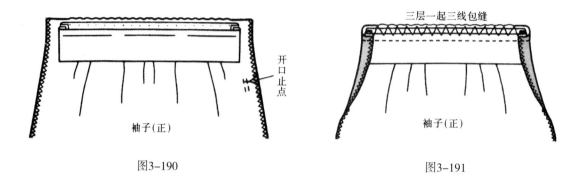

图3-190

图3-191

4. **缝合袖下线** 见图3-192。

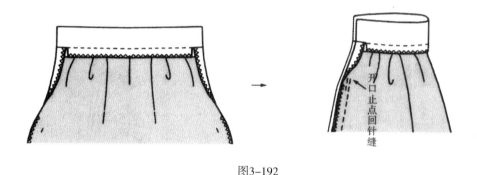

图3-192

款式E···斜条滚边袖口（图3-193）

此款袖口采用斜布条，用滚边的方法固定袖口，其结构见图3-194。

1. **裁剪袖口滚边布** 根据袖口滚边布的厚薄，加上0.2~0.4cm的滚边布的厚度来裁剪，然后将袖口滚边布按图3-195所示折烫。

2. **袖口滚边与袖子缝合** 先把衣片的肩线缝好，然后将袖口抽成细褶，将烫好的袖口滚边布放在上面缝合。注意袖口滚边布为斜丝，所以要放在上面车缝。再用熨斗烫平缝份，修剪成0.8cm。最后将袖口滚边布折成完成状，确认里侧是否多出0.2cm的量，不足时，要拉出缝份调整，见图3-196。

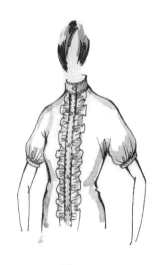

图3-193

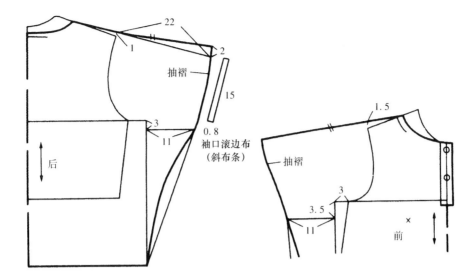

图3-194

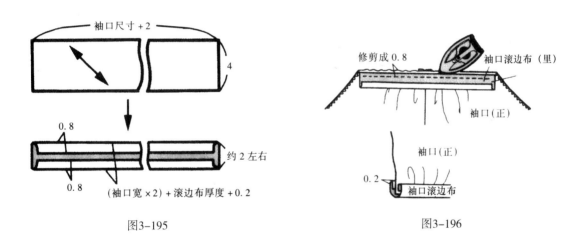

图3-195

图3-196

3. **缝合袖下线** 把袖口滚边布打开，缝合袖下线。由于袖下线呈斜向，袖口滚边布缝合时要与此相对应，即缝成如图3-197所示的"<"字状。

4. **整理袖口滚边布** 先把袖口滚边布折叠整理成完成状，这时袖下线的缝份会露出角来，因此要将露出的部分塞入滚边布内。再假缝固定袖口滚边布，最后从正面沿接缝线车缝固定袖口滚边布，见图3-198。

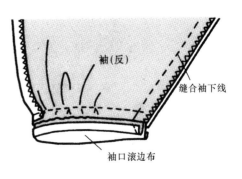

图3-197

露出部分要塞入袖口滚边布里

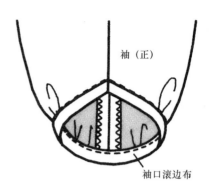

袖（反）

袖（正）

袖口滚边布

图3-198

款式F···合体长袖外翻边袖口（图3-199）

该袖款的特点是合体袖，其袖口另加外翻边，由于袖口翻在袖子外，故在袖口翻边要加上外层的松量。薄料与厚料的袖口翻边处理有所差异，其结构见图3-200。

袖口翻边布纸样绘制的重点在于取得袖口翻边布外翻后的松量，通过剪开的方法可以得到，见图3-201。

图3-199

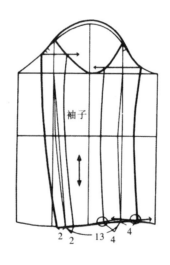

袖子

2 2 13 4 4

图3-200

袖子

1.5 1.5

5 连接这两点并加以延长

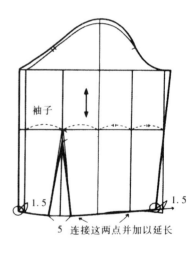

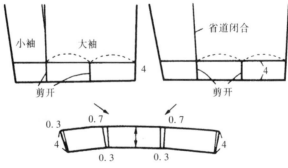

小袖 大袖

省道闭合

剪开 剪开

4 4

0.3 0.7 0.7

4 4

0.3 0.3

图3-201

（一）薄料的缝制方法（袖口面、袖口里都使用面布）

1. **缝合袖口翻边布面、里** 先在袖口翻边布面的反面烫黏合衬，然后将袖口翻边布面、里正面相对，在袖口的下口留6～7cm不缝合作为翻折口。缝份要分开烫平，把一侧的边端塞入里面与另一侧的边端重叠，见图3-202。

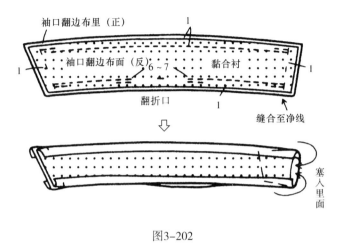

图3-202

2. **分别缝合袖口翻边布两端** 袖口翻边布面、袖口翻边布里正面相对，分别缝合两端后将缝份分开，见图3-203。

3. **袖口翻边布与袖子手缝固定** 先从袖口翻边布的翻折口翻出袖口翻边布正面，然后将翻折口手缝固定，再将袖口翻边布放在完成的袖子袖口边，手缝固定，见图3-204。

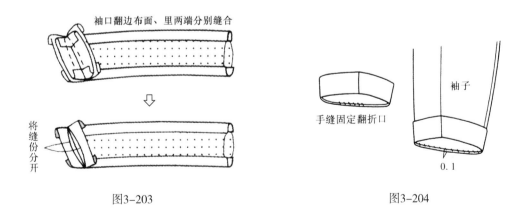

图3-203　　　　　　　　　　　　　　　　　图3-204

（二）厚料的缝制方法（袖口里使用里子布）

1. **袖口翻边布的裁剪放缝** 其重点是袖口翻边布边缘要里外匀，故布料要多放缝，而袖口翻边布里上、下两侧则按净线即可，见图3-205。

2. **折烫袖口翻边布上侧**　按净线折烫袖口翻边布上侧的缝份，然后在两端的缝份上按净线作记号，见图3-206。

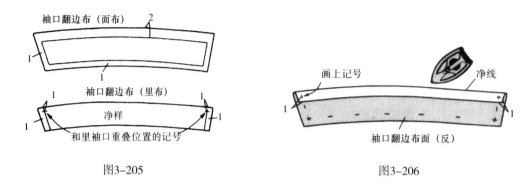

图3-205　　　　　　　　　　　　　　图3-206

3. **缝合袖口翻边布面、里上侧**　将袖口翻边布面上侧的缝份打开，与袖口翻边布里上侧正面相对并缝合，见图3-207。

4. **整理袖口翻边布**　将袖口翻边布翻折到正面，袖口翻边布面的下侧按净线扣烫，见图3-208。

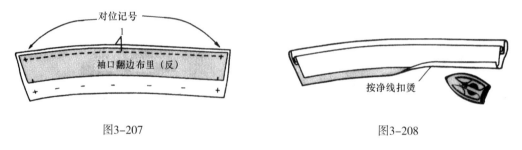

图3-207　　　　　　　　　　　　　　图3-208

5. **烫袖口翻边黏合衬**　在袖口翻边布面烫贴按净样剪成的稍硬些的黏合衬，这样袖口翻边布上、下两侧都会平直，见图3-209。

6. **将袖口翻边布整理成型**　先将袖口翻边布两端缝合，再将缝份分开烫平。然后将其翻到正面，在袖口翻边布的下侧将袖口翻边布面、里用三角针固定。袖口翻边布与袖子的缝合，请参照前面薄料的缝制方法，见图3-210。

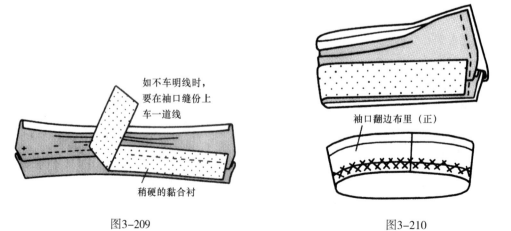

图3-209　　　　　　　　　　　　　　图3-210

思考题

1. 简述贴边处理的无袖袖窿的缝制要点。
2. 简述装袖类（一片袖、两片袖）的缝制原理及要点。

作业

1. 缝制衬衫长袖一款。
2. 缝制泡泡袖一款。
3. 缝制两片西装袖一款。
4. 缝制连衣袖一款。

第四章　口袋

第一节　贴袋

款式A···无里布的外贴袋（图4–1）

贴袋是将袋布扣烫成型，外贴在衣片或裤片上的袋型，常见的圆角贴袋和尖角贴袋。

（一）圆角贴袋

1. **按纸样裁剪**　见图4–2。

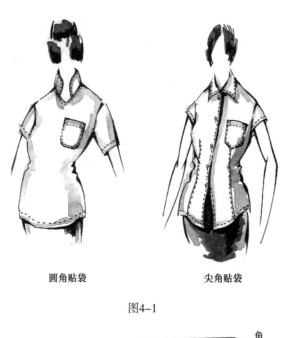

圆角贴袋　　　　　　　尖角贴袋

图4–1

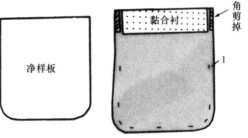

图4–2

2. **三线包缝袋口贴边**　先将袋口按净线把贴边折烫，然后在袋口车缝固定贴边，最后扣烫袋布两侧与底部的缝份，见图4-3。

3. **袋布与衣片缝合**　先在衣片反面袋位的袋口两端垫上加固布（有关加固布的作用请参见以下说明），然后在衣片正面按袋口位置将贴袋车缝固定，见图4-4。

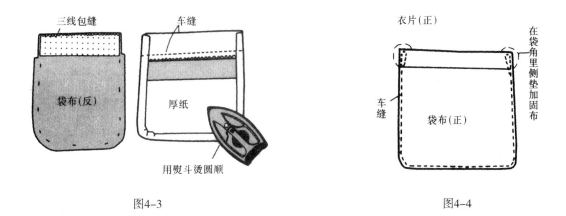

图4-3

图4-4

（二）尖底贴袋

1. **按纸样裁剪**　见图4-5。

2. **三线包缝袋口贴边**　先将袋口按净线把贴边折烫，然后在袋口车缝固定贴边，最后扣烫袋布两侧与底部的缝份，见图4-6。

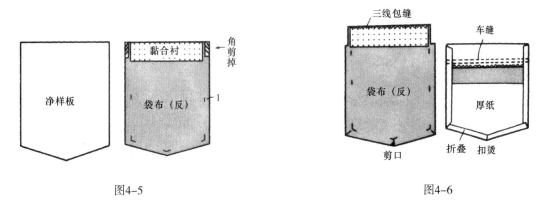

图4-5

图4-6

3. **袋布与衣片缝合**　先在衣片反面袋位的袋口两端垫上加固布，然后在衣片正面按袋口位置将贴袋车缝固定，见图4-7。

（三）有关加固布的说明

加固布，顾名思义能起到增加强度、牢度的作用。由于在袋口或纽扣位置、褶裥缝合止点等部位常受外力的作用，易使面料产生破裂，为了增加该部位的牢度，需在内侧垫上一小块布。现大多用黏合衬作为加固布，操作起来比较方便，见图4-8。

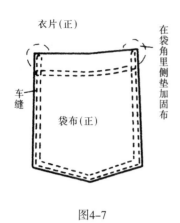

图4-7

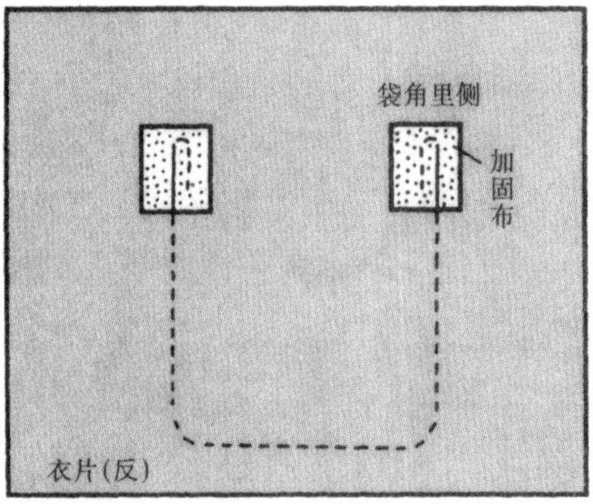

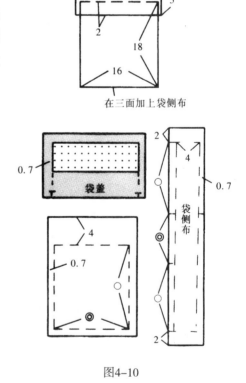

图4-8

款式B···立体贴袋（图4-9）

在袋布的边沿加上袋侧布，会呈现出立体的效果。适用于上衣、背心或便裤。

1. **按净样裁剪** 见图4-10。

2. **缝制袋侧布** 先将袋侧布的两端三线包缝，然后折进2cm烫平，再将袋侧布的长边一侧对折二分之一，烫平后车缝0.1cm，最后将毛边侧扣烫0.7cm的缝份，见图4-11。

图4-9

图4-10

3. **袋侧布与袋布缝合** 先将袋布的上口缝边三折烫平后，在正面车1.8cm的缝线。然后将袋侧布的一侧边与袋布（除上口以外）的三边缝合，注意在两袋底角处，袋侧布要打剪口，见图4-12。

4. 在袋布的边缘车缝明线固定折线 见图4-13。

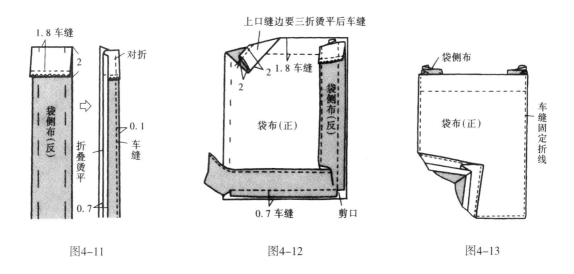

图4-11　　　　　　　　图4-12　　　　　　　　图4-13

5. 袋布、袋盖与衣片缝合 先将袋侧布与衣片缝合，然后在袋上口两角重叠袋侧布，连同下面的衣片一起车缝固定。再将缝制好的袋盖按袋盖位与衣片车缝固定，最后在袋盖正面车缝明线固定，见图4-14。

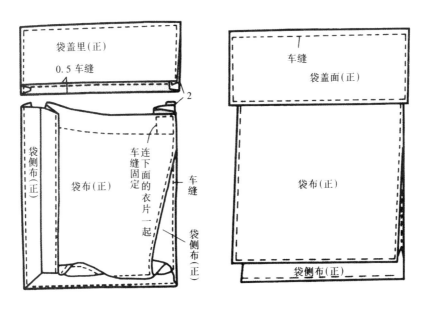

图4-14

款式C···明褶裥贴袋（图4-15）

在明褶裥的口袋上加袋盖，既富有动感，又具有实用性。袋盖的里布可使用面布，也可使用里子布（使用里子布时，其面料为毛料、有伸缩性的面料或较厚的面料等）。

1. **按纸样剪开裁剪** 见图4-16。

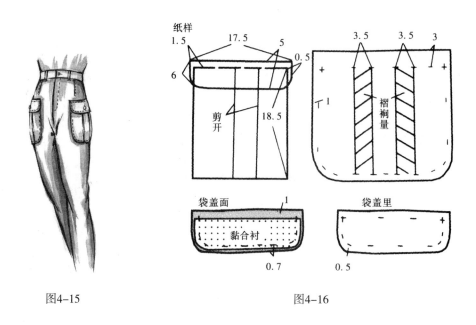

图4-15 图4-16

2. **缝制袋盖** 把袋盖面布、里布缝合后，翻到正面，面、里袋盖边止口扣烫成0.1cm的里外匀，整理后锁上扣眼，见图4-17。

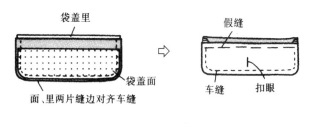

图4-17

3. **折烫袋布褶裥** 先将袋口贴边三线包缝，然后按褶裥位置扣烫固定，再在褶裥位用车缝固定。最后按净线位置将贴边折叠烫平，圆袋角用厚纸按净样剪成的扣烫板进行扣烫，见图4-18。

4. **车缝固定口袋** 将口袋布和袋盖车缝固定在裤片上，见图4-19。

5. **钉止纽扣** 为使袋盖能平坦地盖在口袋上，要用明线车缝固定，然后钉上纽扣，见图4-20。

款式D···中山装贴袋（图4-21）

中山装由于其端庄大气的造型和方便实用的贴袋而成为我国男子的传统服装。其衣身上的小袋与大袋在缝制技艺上各有特色，我们将分别加以介绍，其结构见图4-22。

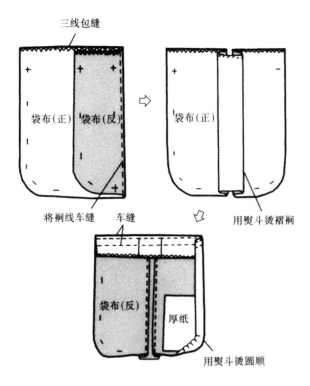

图4-18

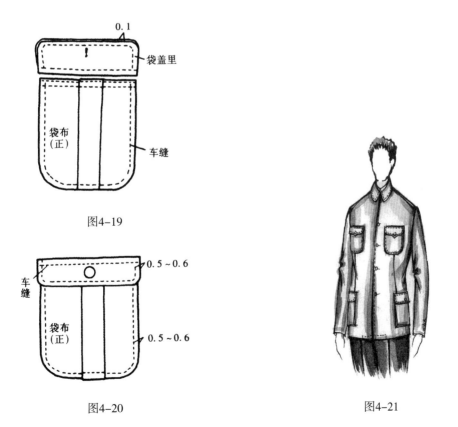

图4-19

图4-20

图4-21

（一）小贴袋

1. **按样板裁剪** 袋盖面布放缝：上口、两侧各0.9cm，下沿0.5cm；袋盖里布放缝：上口、两侧各0.6cm，下沿0.4cm；插笔口距袋盖边端1cm，插笔口大为3cm。小袋布按净样上口放1cm，其余三边均放0.8cm，见图4-23。

2. **缝制袋盖**

（1）对正袋盖面布、里布车缝，见图4-24①。

（2）修剪袋盖缝份，并向袋盖面布一侧扣烫，插笔口也向袋盖面布一侧折烫，见图4-24②。

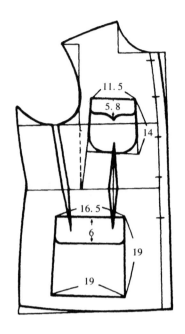

图4-22

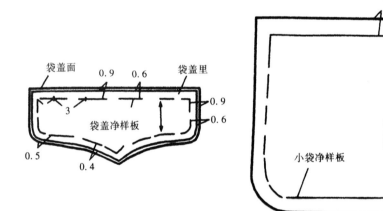

图4-23

（3）翻转袋盖到正面，整烫形成0.1cm的里外匀，然后在插笔口及袋边缘车缝0.4cm的装饰线，见图4-24③。

（4）在袋盖上口画出净线，见图4-24④。

3. **扣烫小袋布** 先在袋口上沿三线包缝，在袋底两圆角纡缝两道线，并在袋口上沿的中间部位车缝扣位垫布，然后按小袋布净样板扣烫，同时将两圆角的两道缝线抽紧，见图4-25。

4. **将袋布车缝固定在衣片上** 先在衣片上画出车缝袋盖及贴袋的位置，在袋口两端的反面垫上加固布，将袋布放上对正，先假缝后车缝固定，见图4-26。

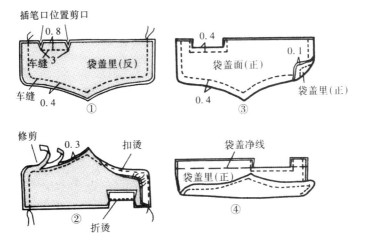

图4-24

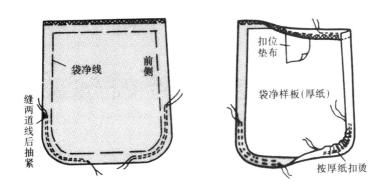

图4-25

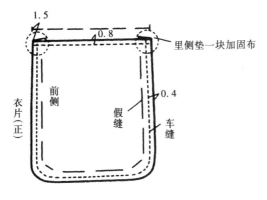

图4-26

5. **把袋盖按袋盖线车缝固定** 袋盖上缘的净线对准衣片的袋盖线，车缝后修剪缝份为0.3cm，然后把袋盖向下折，沿袋盖上缘（3cm的插笔口除外）车缝0.4cm的装饰线。然后在插笔口两端回针固定，见图4-27。

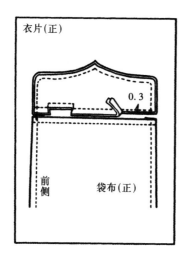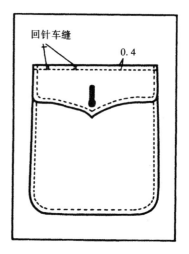

图4-27

（二）大贴袋

1. **按样板裁剪** 袋盖面放缝1cm，袋盖里放缝0.8cm，按净样烫贴黏合衬。大袋布上沿放缝1.5cm，其余三边放缝3cm，见图4-28。

2. **缝制袋盖**

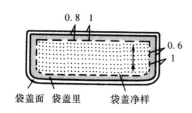

（1）在袋盖里反面烫贴黏合衬，除上沿外，其余三边按黏合衬边沿车缝，见图4-29①。

（2）修剪缝份留0.3cm，见图4-29②。

（3）把缝份向袋盖面一侧扣烫，见图4-29③。

（4）翻转袋盖到正面，整烫形成0.1cm的里外匀，见图4-29④。

3. **做大袋** 三线包缝大袋布上沿，并扣烫1.5cm，按图4-30所示修剪两袋底角。

4. **车缝袋角** 先在大袋上沿的中间夹进扣位垫布车缝。然后将袋底角对正车缝后分缝烫开，最后将袋底角翻到正面，见图4-31。

5. **车缝固定大袋** 先在衣片上用划粉画出袋位，包括袋净线和折边线，然后将袋布折边对准衣片上的折边线车缝。为使车缝顺利进行，在衣片的折边线和大袋的

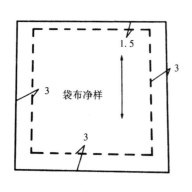

图4-28

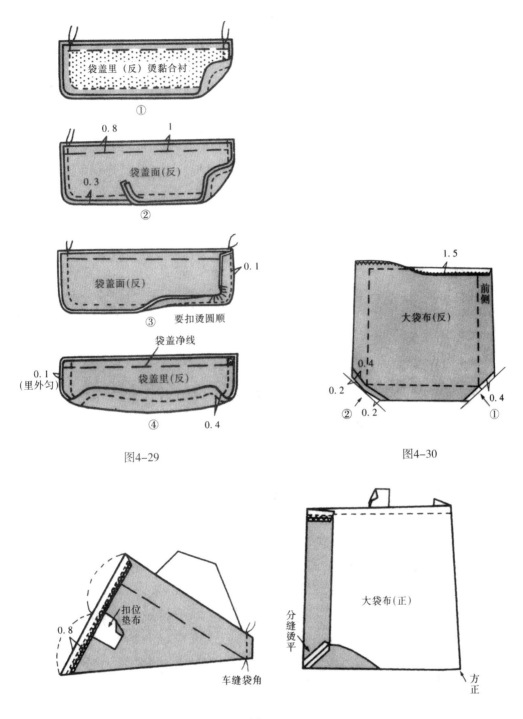

图4-29

图4-30

图4-31

折边上做相应的对位记号，见图4-32。

6. **将袋盖车缝固定** 先在袋盖上口画出净线，然后将袋盖的净线对准衣片上的袋盖线车缝固定，再修剪缝份留0.3cm，最后将袋盖向下折，沿正面车缝0.4cm的装饰明线，见图4-33。

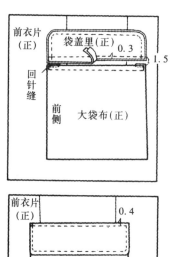

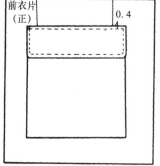

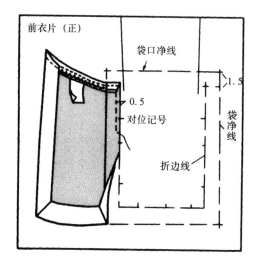

图4-32

图4-33

第二节 挖袋

款式A···单嵌线装饰明线的横向挖袋（图4-34）

该款挖袋由于袋布与衣片一起车缝，故袋布必须采用与衣片相同的面料。柔软的面料、较薄的面料以及有伸缩性的面料都不适合挖袋的缝制，而宜选用可呈现装饰效果的面料。

1. **制图与裁剪**　袋布和嵌线布都采用与衣片相同的面料，在嵌线布的反面要烫贴黏合衬，见图4-35。

2. **在衣片的袋位上缝合嵌线布**　先在衣片正面画好袋位，在袋位反面烫黏合衬，以防挖袋剪开时破裂。然后将嵌线布放在袋位上车缝，注意缝合始点与止点必须加回针缝固定，见图4-36。

3. **在挖袋的袋位中间剪口**　把嵌线布掀开，在袋位的中间剪Y形剪口，剪口必须到位。嵌线布的缝份摊开，用熨斗烫平，见图4-37。

4. **嵌线布翻到衣片反面**　如果烫平嵌线布后还会变形，则

图4-34

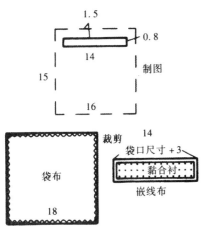

图4-35

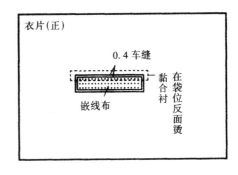

图4-36

可先假缝固定嵌线布。如嵌线布采用斜料时，要注意熨烫时不要拉伸，因为斜料容易变形，见图4-38。

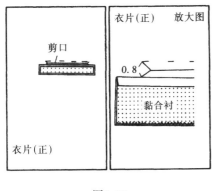

图4-37

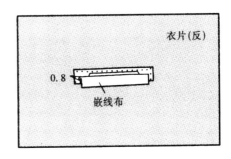

图4-38

5. **车缝固定嵌线布**　把嵌线布翻到正面整烫成0.8cm的宽度，然后在嵌线边缘车缝固定嵌线布，见图4-39。

6. **缝合袋布**　把袋布放在衣片反面，对正袋位后，掀开衣片将袋布与缝份一道车缝。由于缝份宽度较窄，故车缝时要特别注意不要脱线，见图4-40。

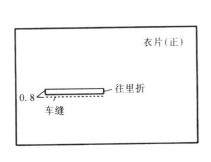

图4-39

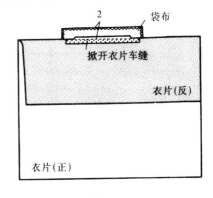

图4-40

7. **固定三角** 把衣片掀开，将袋口左、右两端的三角，分别车缝3道线加固。注意三角要拉到位，才能使嵌线缝制平整，见图4-41。

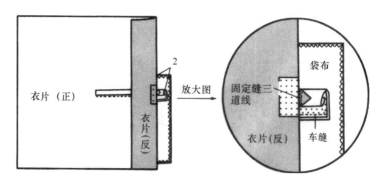

图4-41

8. **把袋布放在衣片反面假缝** 袋布四周要事先三线包缝，见图4-42。

9. **在衣片正面车缝固定袋布** 袋布固定后，再在嵌线的3边车缝固定，见图4-43。

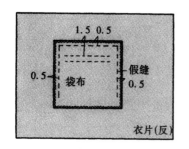

图4-42

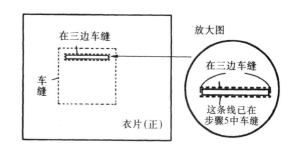

图4-43

款式B···双嵌线横向挖袋Ⅰ（图4-44）

嵌线布若使用斜裁面料，那么缝制后则较为平整。若是条纹或格子面料缝制要对条对格时，则可根据需要选择布丝方向。

1. **制图与裁剪** 见图4-45。

2. **将垫袋布与袋布A缝合** 见图4-46。

3. **车缝嵌线布** 将袋布B假缝固定在衣片反面的袋位处后，再在衣片正面的袋位处分别车缝嵌线布A和嵌线布B，见图4-47。

4. **剪开袋口，整理嵌线宽度** 见图4-48。

5. **袋布A与袋布B对正** 见图4-49。

6. **车缝固定袋口两端三角** 先将袋口两端的三角连同两片袋布一起车缝3道线后，再将两片袋布合缝两道线固定，见图4-50。

图4-44

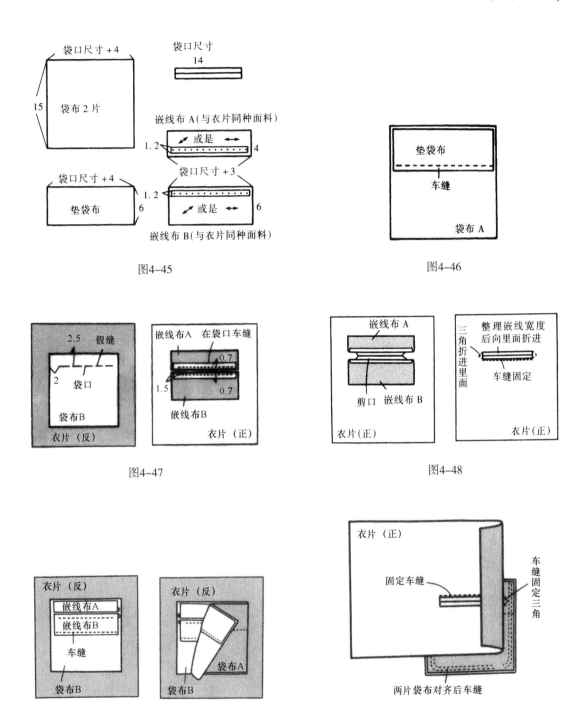

图4-45

图4-46

图4-47

图4-48

图4-49

图4-50

款式C···双嵌线横向挖袋Ⅱ（图4-51）

该款挖袋的缝制方法比较简单，嵌线布的一边要与袋布连裁，故袋布也要与另一边嵌线布的面料相同。

1. **制图与裁剪** 见图4-52。

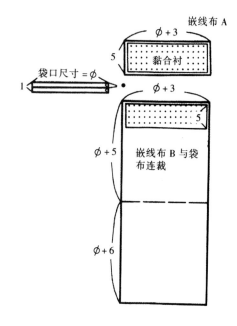

图4-51

图4-52

2. **在衣片的袋位上车缝嵌线布** 先在衣片反面袋位处烫黏合衬，然后在衣片正面袋位处缝合嵌线布，见图4-53。

3. **在袋口处剪Y形剪口** 见图4-54。

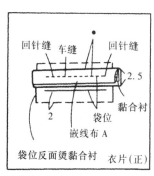

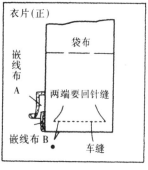

图4-53

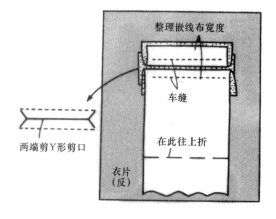

图4-54

4. **固定袋口**　将嵌线布折向衣片反面后，车缝固定袋口两端三角，见图4-55。

5. **缝合袋布**　将袋布折叠对齐边端后，上、下层一起缝合，然后从衣片正面在嵌线的接缝处车缝，最后三线包缝袋布两侧，见图4-56。

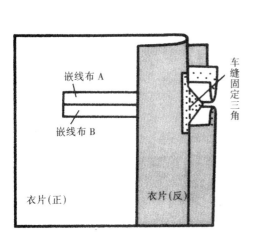

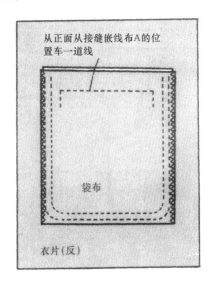

图4-55

图4-56

款式D···有袋盖的双嵌线挖袋（图4-57）

这款是双嵌线夹缝袋盖的挖袋。嵌线布采用与衣片相同的面料斜裁成两片，反面要烫黏合衬，对折后再缝合。袋布要用里子布连裁，袋盖也要面布和里布连裁，在袋盖面的反面要烫黏合衬。

1. **制图与裁剪**　见图4-58。

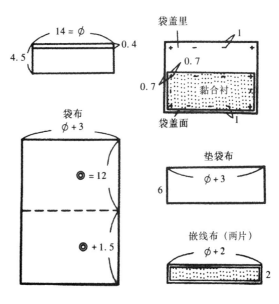

图4-57

图4-58

2. **做挖袋准备**　将垫袋布与袋布对正后车缝, 再把嵌线布对折, 在衣片反面的袋位上烫黏合衬, 见图4-59。

3. **缝制袋盖**　为使袋盖的面、里形成里外匀, 缝合时袋盖里略拉出0.1cm, 使袋盖面稍松。缝合时翻到正面, 整烫袋盖, 见图4-60。

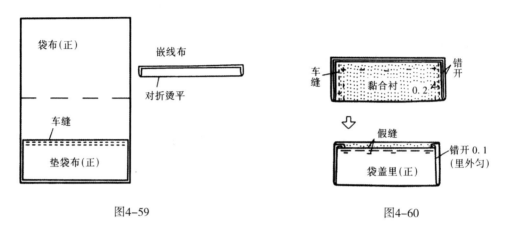

图4-59　　　　　　　　　　　　　　　　　　图4-60

4. **车缝袋面和嵌线布**　先把嵌线布放在衣片正面袋位处, 然后把袋布重叠在下侧的一片嵌线布上面, 分别按袋口尺寸车缝。两道车缝线相距0.8cm, 这样在翻转整理嵌线布时, 刚好可以把两片嵌线布收进, 见图4-61。

5. **在袋位中间剪口**　把嵌线布、袋布的缝份翻开, 在袋位中间剪Y形剪口, 两端要剪到位, 防止剪断缝线, 见图4-62。

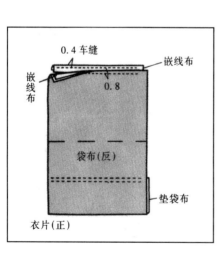

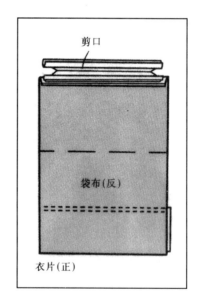

图4-61　　　　　　　　　　　　　　　　　　图4-62

6. **整理嵌线布**　从剪口把袋布拉至衣片反面, 整理嵌线的形状。袋口两端的三角也要拉到衣片反面, 车缝3道线, 见图4-63。

7. **夹缝袋盖**　从袋口处插入袋盖，然后把袋布向上折，掀开衣片，在嵌线布的边缘，再车缝一道线，见图4-64。

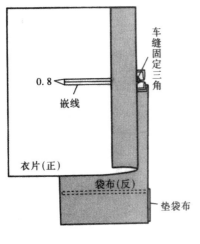

图4-63

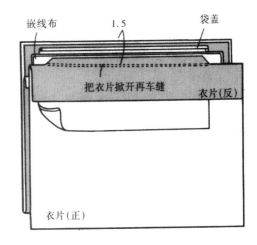

图4-64

8. **整理袋盖使之平整**　图4-65①所示为嵌线条边缘不车缝的外形。图4-65②所示为在嵌线条的接缝处车缝一道明线。是否车线可根据需要选择。

9. **袋布缝合**　在袋布三边车缝后，三线包缝，见图4-66。

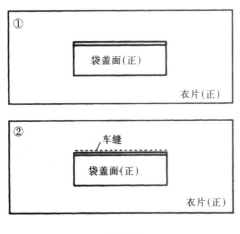

图4-65

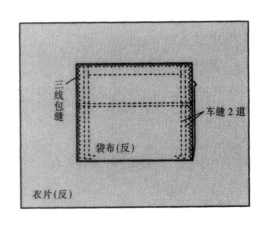

图4-66

款式E…有袋盖的单嵌线挖袋（图4-67）

此款挖袋的缝制方法是单嵌线夹缝袋盖。袋盖、袋布都要根据斜向袋口裁剪。

1. **制图与裁剪**　见图4-68。

2. **缝制袋盖**　袋盖制成时，袋盖面布和里布要有里外匀。把袋盖的面布、里面裁成

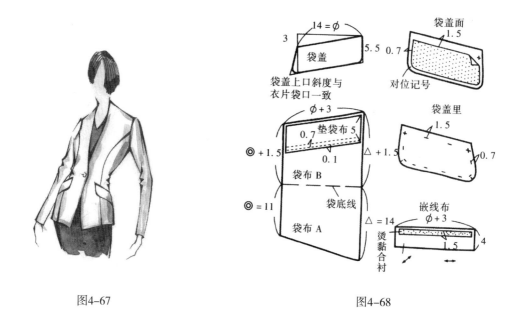

图4-67 图4-68

同样大小，正面相对，加上对位记号后，把袋盖里布拉出0.2cm假缝，然后在净线的0.2cm外侧缝合。最后把袋盖翻到正面，整烫成型，见图4-69。

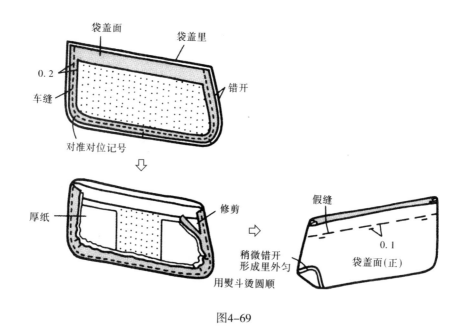

图4-69

3. **在衣片上画出袋位**　把袋盖的纸样放在衣片正面画线，并在挖袋位置的反面烫上黏合衬，见图4-70。

4. **车缝嵌线布**　在衣片正面袋位上和好嵌线布，嵌线布的边端要对正衣片袋位缝合袋盖的位置，车缝时要距嵌线布边端0.8cm。缝合止点在距对位记号的0.3cm处，见图4-71。

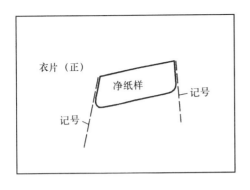

图4-70

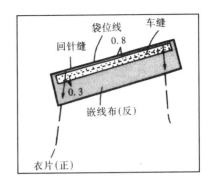

图4-71

5. **在袋位上接缝袋盖**　把袋盖与袋位对正后先假缝再车缝固定，见图4-72。

6. **在袋口中间剪口**　掀开袋盖和嵌线布的缝份，在袋口中间剪Y形剪口，见图4-73。

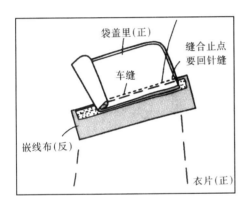

图4-72

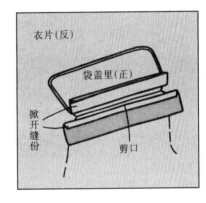

图4-73

7. **剪开袋口**　从衣片反面可以清楚地看出步骤4至步骤6的车缝线及剪口。车缝线一定要直，剪口到两端的角部，不能剪断缝线，见图4-74。

8. **在嵌线布的缝合位置假缝固定**　先把嵌线布的缝份烫开，然后把嵌线布整烫成0.8cm宽，掀开袋盖，在嵌线布的缝合位置假缝固定，见图4-75。

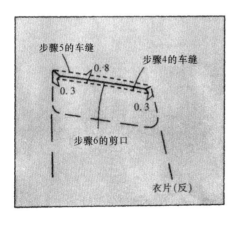

图4-74

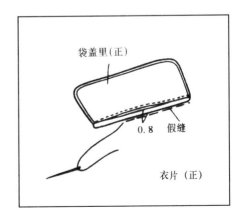

图4-75

9. **车缝袋布，固定嵌线布** 把衣片掀开，然后把袋布A放在嵌线布下方，在步骤4固定嵌线布的车缝线边缘再车缝1道线，见图4-76。

10. **手针假缝固定袋布** 袋布底部整理为水平状，再向上折，用手针假缝固定，见图4-77。

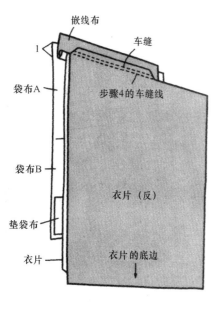

图4-76

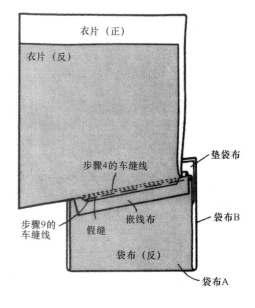

图4-77

11. **车缝固定袋布B** 在袋盖的缝线边缘，再车缝1道线，固定袋布B。袋口两端的三角要来回车3道线固定。袋布两侧要车2道线固定，见图4-78。

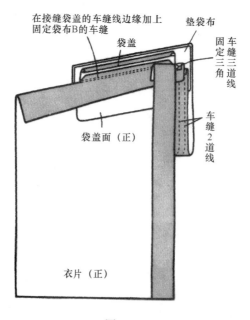

图4-78

款式F···手巾袋（图4-79）

手巾袋也叫西服胸袋，它常用于男、女西装及套装中，袋口布的布丝通常与衣片保持一致。

1. **制图与裁剪**　见图4-80。

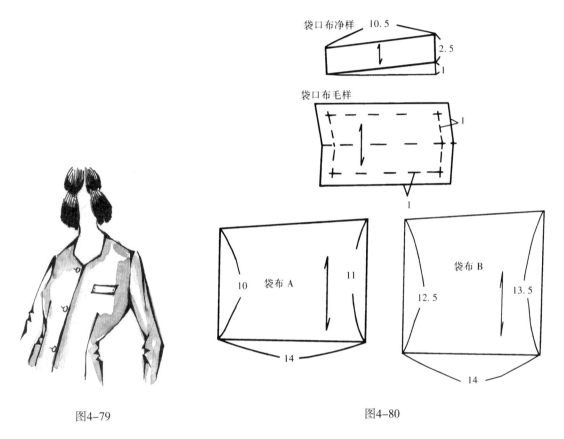

图4-79

图4-80

2. **扣烫袋口布**　先在袋口布反面烫上黏合衬，若要使袋口布面更挺括，也可在袋口布面反面按净样增烫一层黏合衬，然后按净样扣烫两侧，袋口布里两侧要比面少0.2cm，见图4-81。

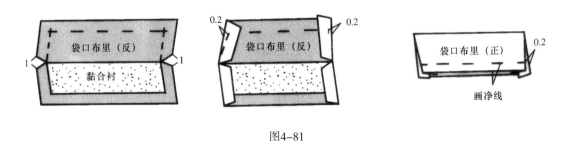

图4-81

3. **按净位线车缝袋口布和袋布A**　在衣片反面的袋位烫上黏合衬后，在衣片正面的袋位处放上袋口布和袋布A，按袋位净线车缝，见图4-82。

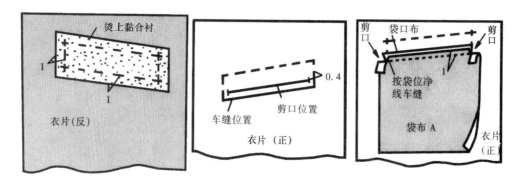

图4-82

4. **剪口** 按衣片袋位剪口，再将袋布A翻向衣片反面烫平，见图4-83。

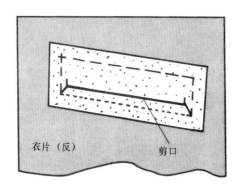
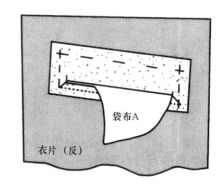

图4-83

5. **车缝固定袋布B** 把袋口布掀开，折烫衣片袋位剪口的缝份0.7cm，将该缝份与袋布B车缝固定，宽为0.1cm，见图4-84。

6. **在袋口布两端车明线固定** 两袋布角要连同袋布B一起固定，然后将两片袋布缝合，其袋角要车缝成圆角，以防灰尘堆积。若是无里布的衣服，袋布四周还要三线包缝，见图4-85。

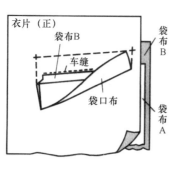
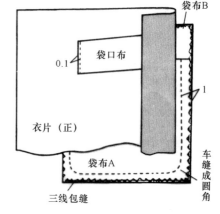

图4-84   图4-85

款式G…斜向箱型袋（图4-86）

该款袋型常用于外套、大衣、风衣、夹克等服装中。袋口布的布丝方向原则上要与衣片面布的布丝方向一致，也可根据款式需要另定。

1.**制图与裁剪**　见图4-87。

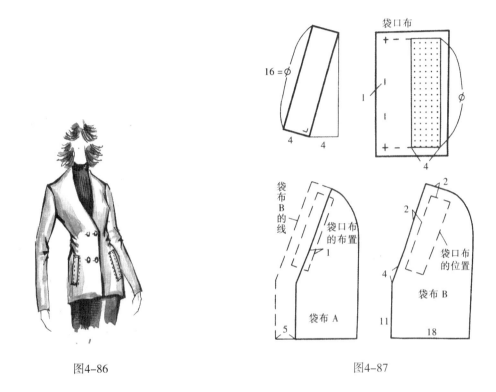

2.**缝合袋口布**　见图4-88。

3.**车缝袋口**　在衣片反面的袋位烫上黏合衬，放上袋口布和袋布A，按袋位净线车缝，见图4-89。

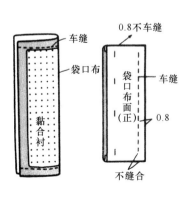

图4-88

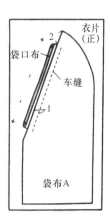

图4-89

4. **在袋位中间剪口** 按图4-90中位置剪Y形剪口。

5. **车缝固定袋布B** 先在衣片接缝袋口位置与袋布A一起车缝。然后放上袋布B，把袋口布掀开，折叠衣片袋位剪口的缝份，将该缝份与袋布B车缝固定，同时把袋口两端的三角车缝固定，见图4-91。

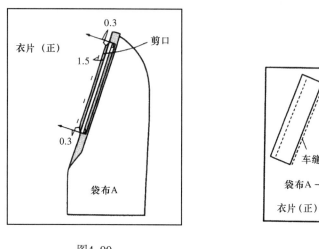

图4-90   图4-91

6. **在袋口布两端车缝装饰明线** 按住袋口布车缝袋口一侧的装饰明线，再连袋布一起车缝两道装饰明线，见图4-92。

7. **在袋布四周车缝两道线** 先将袋布三线包缝后再车缝袋布四周，见图4-93。

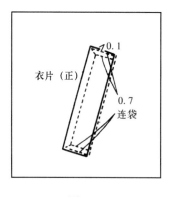

图4-92

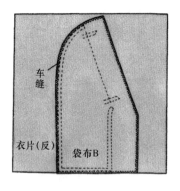

图4-93

附：常用针法简介

1. **落漏缝** 落漏缝是把针插入缝合位置中间的缝合方法，常用于嵌线布或滚边布等不希望车缝线迹露在正面的地方，只是固定下层布，见图4-94。

2. **回针缝**　这是为了把缝合始点和止点缝制牢固所使用的缝合方法。缝合起点和止点都重叠车缝3~4针或1cm以内，见图4-95。

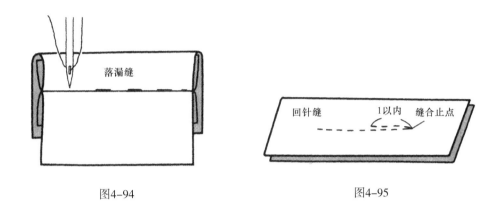

图4-94　　　　　　　　　　　　图4-95

3. **星状缝固定**　因露在正面的针脚很小，看似像一颗颗小星星而得名。在衣片反面以0.5~0.7cm的距离回针缝合，常用于固定面、里布，见图4-96。

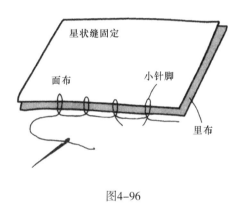

图4-96

第三节　利用分割线的插袋

款式A⋯挂面缝合线上的内插袋（图4-97）

此款插袋适用于外套、大衣等服装。在挂面与前衣片里子的缝合线上加口袋。

1. **制图与裁剪**　袋布分A、B两片，在袋布A的袋口处烫4cm宽的黏合衬，见图4-98。

2. **将袋布A、B分别与前衣片里布和挂面的袋位缝合**　注意袋口车缝线的长度为袋口净长，见图4-99。

3. **在前衣片里布的袋口处车缝装饰线**　见图4-100。

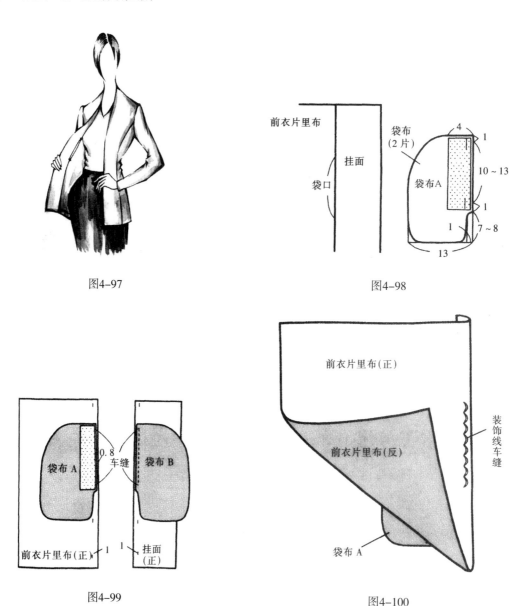

图4-97

图4-98

图4-99

图4-100

4. **将袋布A、B对正后车缝固定**　注意要从挂面和前衣片里布袋口处的缝线上连续车缝，见图4-101。

5. **固定缝份**　缝份要向前衣片里布一侧折倒，然后从里布正面缝合，并车缝固定，见图4-102。

款式B···侧缝线上的插袋（图4-103）

这是一款利用裙子、上衣或裤子的侧缝线缝制的口袋。

1. **制图与裁剪**　袋布A与袋布B要相差1.5cm，见图4-104。

2. **缝合袋布A**　在前裙片的袋口处，为防止面料变形，要烫黏合衬牵条。然后把袋布A缝合在裙片的袋位处，再将袋布A拉出放平，见图4-105。

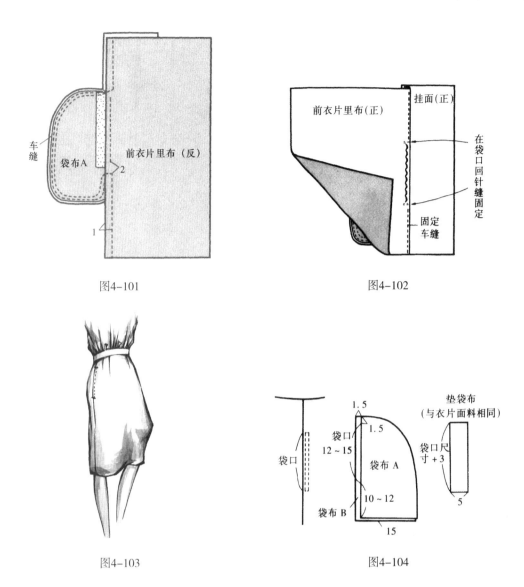

图4-101　　　　　　　　　　　　　　图4-102

图4-103　　　　　　　　　　　　　　图4-104

3.　**缝合侧缝线**　后片和前片正面相对，只留下袋口，缝合侧缝。袋口两端要用回针缝使之固定，见图4-106。

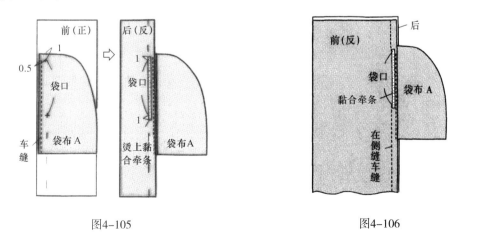

图4-105　　　　　　　　　　　　　　图4-106

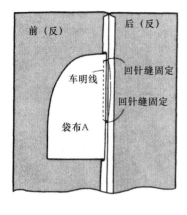

图4-107

4. **袋口车明线** 将缝份烫开后，在袋口正面车装饰明线，固定袋布。袋口两端要车3道线固定，见图4-107。

5. **缝合袋布B** 把袋布B放在袋布A的上面。袋布A固定在前片的缝份上，袋布B固定在后片的缝份上。若袋布B的面料与衣片不一致，则应在袋布B上车缝固定垫袋布，见图4-108。

6. **在袋布四周车缝后加三线包缝** 先将衣片掀开，将两片袋布车缝两道线固定，然后三线包缝袋布的边缘，见图4-109。

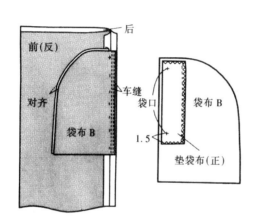

图4-108

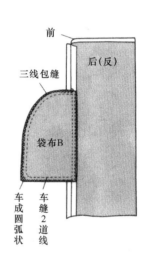

图4-109

款式C···斜向裤插袋（图4-110）

该袋型常用于男、女西裤等款式中。缝制时要注意袋口不能太紧，要稍留一点空隙。

1. **制图与裁剪** 见图4-111。

2. **袋口烫黏合衬，车缝袋布** 前片袋口反面烫上黏合衬后，与袋布B一起缝合，见图4-112。

3. **车袋口装饰线** 把袋口折烫成完成状，在袋口车缝明线固定，见图4-113。

4. **固定袋口与裤片** 袋布A与裤片、袋布B对正后，用大头针固定袋口，见图4-114。

5. **缝合两片袋布** 将前裤片掀开，缝合两片袋布四周。袋口止点必须车缝到袋口止点位置，见图4-115。

图4-110

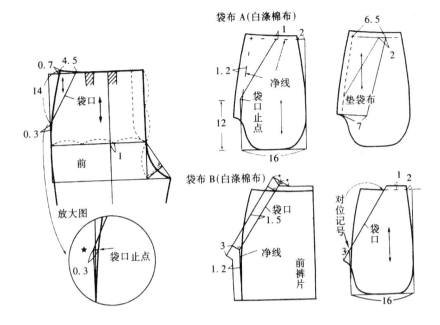

图4-111

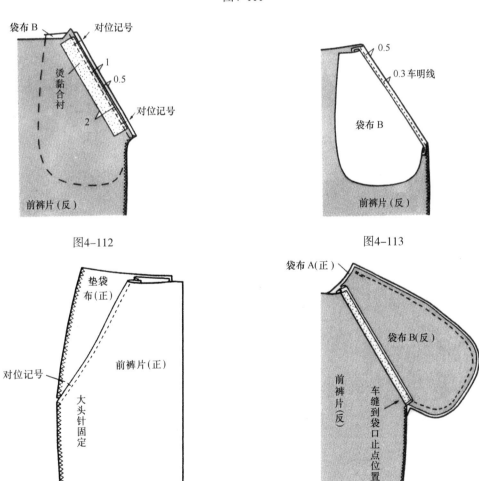

图4-112

图4-113

图4-114

图4-115

6. **三线包缝袋布**　见图4-116。

7. **固定袋口**　在袋口止点车缝固定，并假缝固定袋布上端。袋口处要稍留空隙，见图4-117。

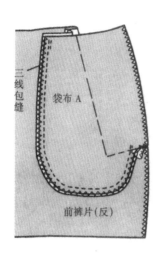

图4-116

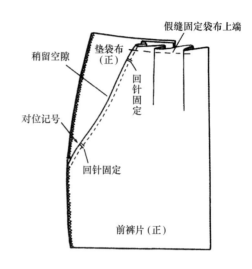

图4-117

款式D···牛仔裤插袋（图4-118）

牛仔裤插袋的缝制要点是要把其中的一片袋布与装拉链的门里襟缝合，以防止袋布滑动。

1. **制图与裁剪**　见图4-119、图4-120。

2. **裤片袋口与袋布A缝合**　先在裤片袋口反面烫上黏合衬，以防止其伸缩。然后将袋布A与裤片袋口对正后车缝0.8cm的缝份，在缝份的弯曲部位打剪口，再将袋布A翻到裤

图4-118

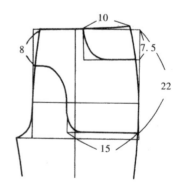

图4-119

片反面，在袋口处烫成里外匀0.1cm，再车缝两道明线固定，见图4-121。

3. **缝合垫袋布与袋布B**　先将垫袋布的弧线部位三线包缝，然后放在袋布B上，对正后，将垫袋布的弧线部位与袋布B一起车缝两道线，见图4-122。

4. **缝合两片袋布**　先把袋布B与袋布A对正，然后缝合两片袋布，在袋底及圆弧处车缝两道线，最后将两片袋布一起三线包缝，见图4-123。

5. **固定袋口**　整理袋布，在袋口两端假缝固定，见图4-124。

6. **缝合裤片侧缝**　先将前、后裤片的侧缝缝合，再把缝份三线包缝，然后将缝份向后裤片烫倒，从正面在后裤片侧缝车0.2cm宽的明线，见图4-125。

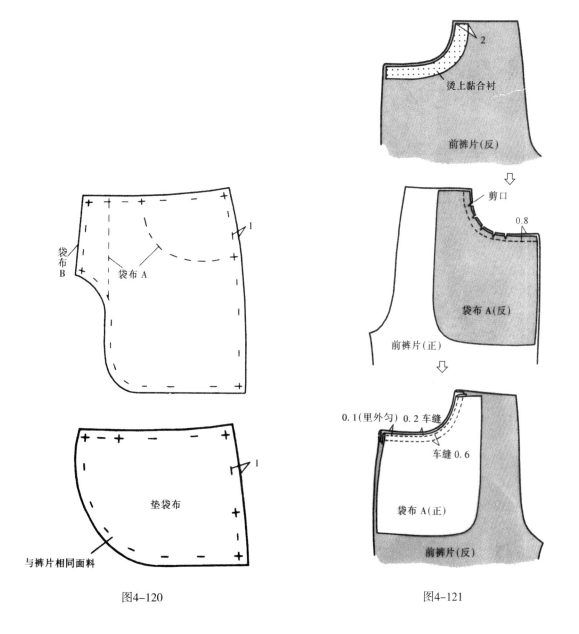

图4-120　　　　　　　　　　　　　　图4-121

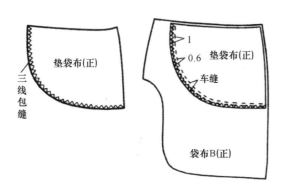

图4-122

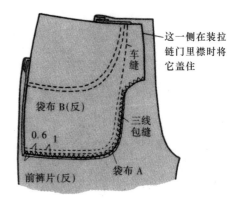

图4-123

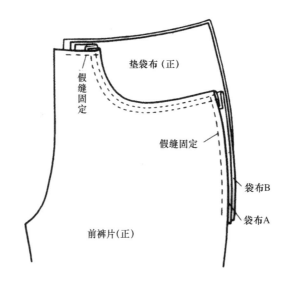

图4-124

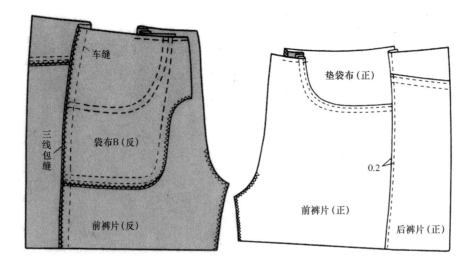

图4-125

附：口袋位置大小的确定方法

众所周知，作为服装的口袋，既具有美观装饰性，又具有实用性。我们在决定口袋位置大小以及袋口布（或嵌线布）的尺寸时，都必须考虑以上两个因素。从实用性方面考虑，只要了解了以下各点，则较容易掌握缝制方法。

1. **套装外贴袋**　套装外贴袋的大小和位置是以基本样板的胸宽、前胸围大为基准，结合实际的款式尺寸而计算出来的（图4-126）。一般腰袋的袋口位置若是水平的，距腰线8~10cm。斜向袋口，其袋口中点距腰线10cm。胸宽指基本样板的胸宽线至前中线的尺寸，前胸围大指侧缝线至前中线的尺寸（图4-127）。

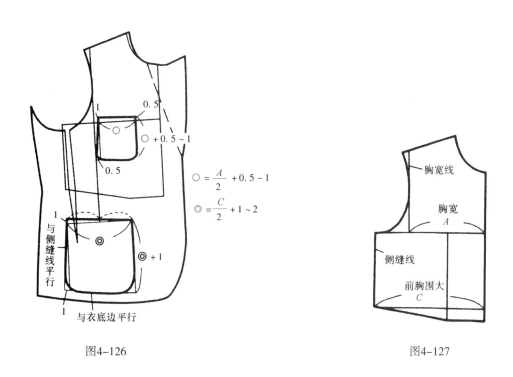

图4-126　　　　　　　　　　　　　　　　图4-127

2. **嵌线挖袋**　不论是嵌线布还是袋口布，其宽度都要比袋口净尺寸宽3~4cm，即在袋口两端多出1.5~2cm的缝份。袋布的深度通常和袋口宽相同，但若是较短的上衣，袋口底边碰到衣底边线时，则可以把袋布的底边和衣片底边线叠在一起，这样就可以缝制得较为平整（图4-128）。

3. **利用分割线的插袋**　这种口袋强调它的实用性，袋口宽应参考手掌的大小，若袋口太宽，盛放的东西易滑落，因此应以手可以自由出入为宜。手掌围的测量方法是稍微弯曲拇指来测量手掌围。袋布的宽度亦以同样的方法来确定，即以手可自由出入的尺寸为准。袋布深（即袋底部）的确定方法：将手臂自然放下，以手指尖可以碰到的长度为准，不可超出此尺寸，否则不易取出袋中之物（图4-129）。

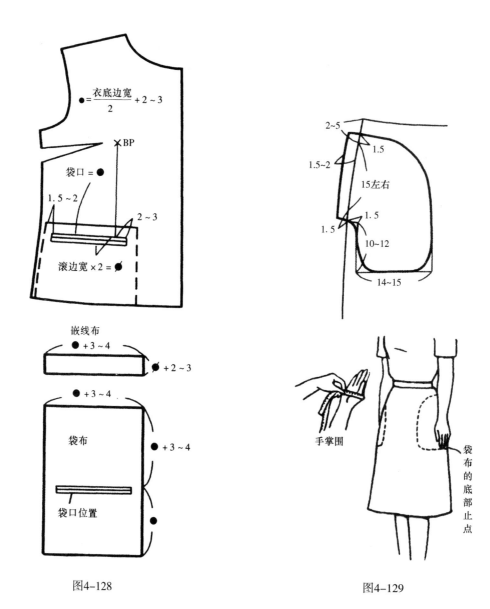

图4-128

图4-129

思考题

1. 简述贴袋缝制要点。
2. 简述挖袋缝制要点。

作业

1. 缝制贴袋一款。
2. 缝制双嵌线挖袋一款。
3. 缝制手巾袋一款。
4. 缝制牛仔裤插袋一款。

第五章　开口

第一节　直至衣摆边的门襟开口

衣片挂面的处理方法

为使衣襟开口缝制后平整，根据挂面的车缝方法、黏合衬方法及衣片所采用面料的厚薄程度，需对衣片的挂面进行不同的处理。

（一）样板制作

如果对挂面的侧边线进行三线包缝或卷边车缝处理，挂面则容易起吊。为防止起吊，事先要把挂面纸样剪开以增加挂面侧边线的长度，对薄面料剪开时要增加0.2cm左右的长度，对厚面料剪开时要增加0.4cm左右的长度，见图5-1①。

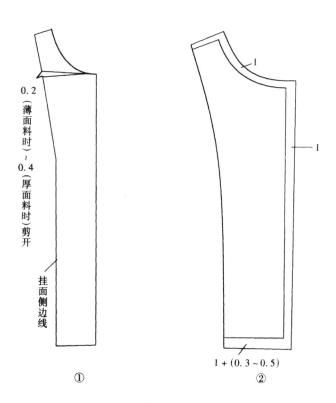

图5-1

（二）裁剪方法

挂面烫上黏合衬后，常会出现缩短的现象，所以裁剪时要稍长些。根据面料的热缩率大小加放0.3~0.5cm。烫上黏合衬后重新把纸样放上进行修剪，并加上对位记号，见图5-1②。

（三）烫黏合衬

1. **烫黏合衬后若对衣片面料产生影响**　黏合衬要贴到前门襟止口线上，见图5-2。
2. **烫黏合衬后若对衣片面料没有影响**　黏合衬烫的位置要超过衣片面料的扣眼位置，但要求左、右片烫黏合衬位置一致，见图5-3。

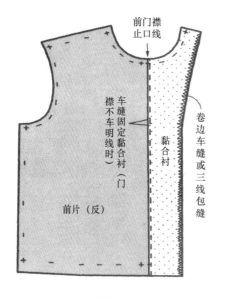

图5-2

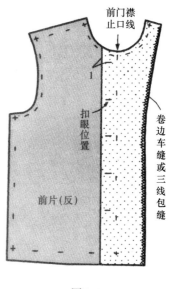

图5-3

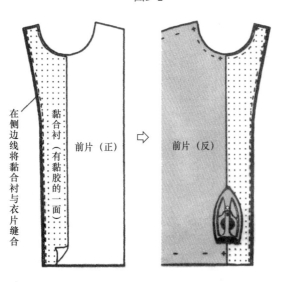

图5-4

（四）薄面料挂面车缝平整的方法

使用薄面料时，若采用三线包缝或卷边车缝处理挂面侧边线时，有时会因起吊而影响到衣片的面料，这时可以将黏合衬没有黏胶的一面和挂面正面相对，车缝侧边线，再将黏合衬翻到正面熨烫，见图5-4。

款式A···另外裁剪的门襟开口（图5-5）

这是一种将门襟另外裁剪并平缝在衣片上，再用车缝明线加以固定的方法，常用于衬衫、裙子等服装中。扣眼是在衣襟的中央呈现纵向的孔，其结构见图5-6。

1. **缝合门襟与衣片** 门襟的黏合衬烫贴部位见图5-7。反面的缝份由于车缝时重叠较厚，要与衣片的缝份错开。

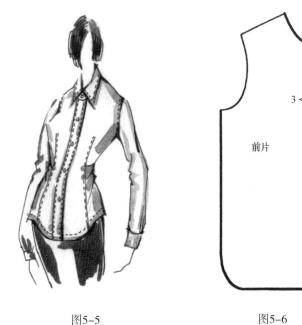

图5-5   图5-6   图5-7

2. **缝合衣片底边** 把门襟正面相对折叠后，在衣底边部位车缝。为防止缝合起点和止点脱线，要分别用回针缝两次，见图5-8。

3. **车缝装饰线固定门襟** 先用熨斗把门襟折烫成完成状，再从衣片正面车缝明线，衣底边等侧缝缝合后再车缝，见图5-9。

款式B···另外裁剪的翻边门襟开口（图5-10）

把门襟外翻边另外裁剪，其缝制要点是把门襟外翻边与衣片前门襟线缝合后，再折叠另一侧的缝份，然后采用放在衣片上缝合的方法。也可以将荷叶边或蕾丝平缝在门襟和衣片之间，其结构见图5-11。

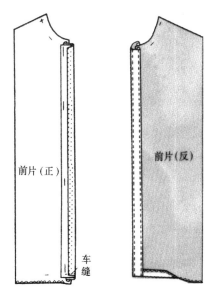

图5-8   图5-9

1. **缝合门襟与衣片**　在门襟反面烫黏合衬，并与衣片缝合。衣底边的缝份要先折叠成完成状，见图5-12。

2. **车缝明线固定门襟**　见图5-13。

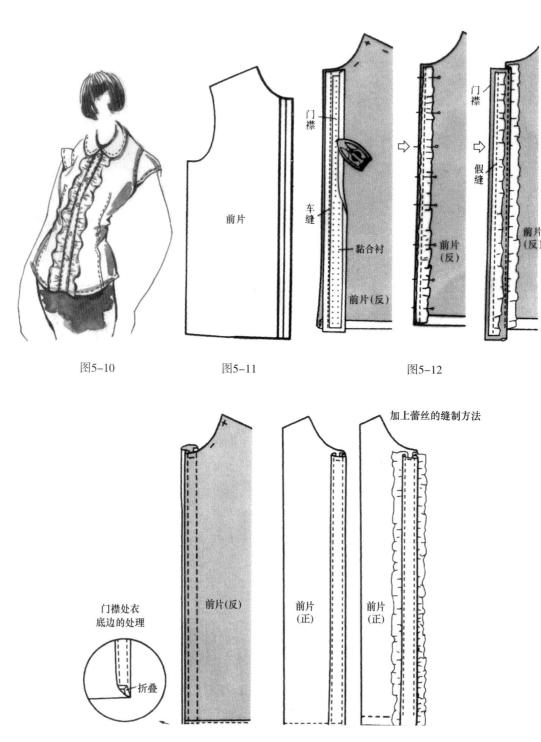

图5-10　　　　　　　　图5-11　　　　　　　　图5-12

图5-13

款式C···与衣片连裁的门襟开口（图5-14）

将门襟宽度的边端缝合，使之成为一条褶裥，因褶裥要夹住反面的缝份，所以褶裥不能裁得太窄，其结构见图5-15①。

1. **裁剪** 装饰明线的宽度要视面料而定，棉布一般为0.5cm左右，毛料为0.7cm左右，见图5-15②。

2. **门襟烫黏合衬** 在门襟反面烫黏合衬，再折叠衣底边，黏合衬要烫得比门襟宽度多1cm左右，见图5-16。

3. **缝合门襟褶裥** 门襟折成完成状，缝合褶裥。注意里侧门襟的边端一定要插入褶裥中，见图5-17。

4. **车缝门襟止口** 将褶裥摊开，车缝门襟止口线，明线宽度与车缝褶裥的明线等宽，见图5-18。

图5-14

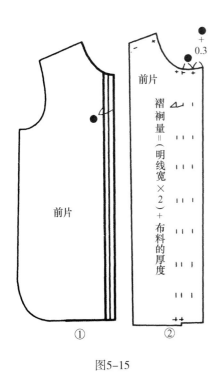

图5-15

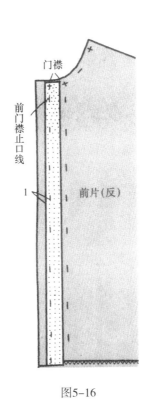

图5-16

图5-17

款式D···挂面与衣片连裁的普通门襟开口（图5-19）

普通门襟开口常采用前衣片与挂面连裁的方法。此方法也适合于后衣片或连袖的衣片与挂面连裁。如果门襟过长，缝合时需注意不要脱线或起皱，其结构见图5-20。

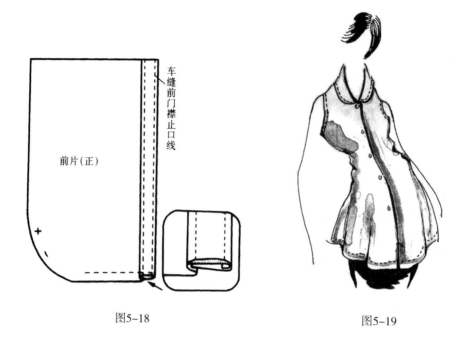

图5-18   图5-19

（一）第一种衣底边处理方法

先在挂面的反面烫上黏合衬，其目的是防止门襟止口伸长，烫贴的位置要超过前门襟止口线1cm。缝合挂面的衣底边后，向正面翻折。最后车缝衣片底边，见图5-21。

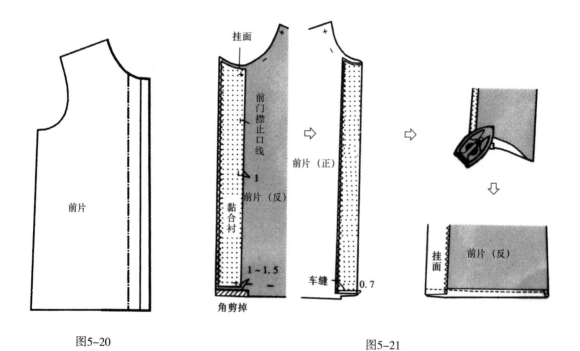

图5-20   图5-21

（二）第二种衣底边处理方法

挂面烫黏合衬的方法同第一种。衣底边的处理方法采用挂面和衣片一起三折卷边车缝，见图5-22。

款式E···装扣环的门襟开口（图5-23）

1. **裁剪**　右门襟由于要夹缝住扣环，故裁到前中心线为止，在反面要另裁出挂面；左门襟要裁出搭门量，同时挂面与左衣片连裁，见图5-24。

2. **缝制扣环**　制作扣环的布料要斜裁，为便于翻向正面，翻口要稍宽一些，见图5-25。

3. **在右前片夹缝扣环**　由于扣环装上后，在其附近易起皱，因此需在装扣环的右前片反面烫上黏合衬，然后与挂面对正，采用长针距车缝。接着在车缝的缝迹上标出扣环的位置，再用锥子的尖端把扣环插入，然后从挂面一侧车一道线加以固定，见图5-26。

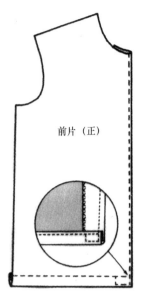

前片（正）

图5-22

图5-23

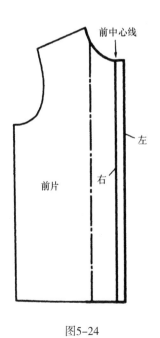

前中心线

前片

右

左

图5-24

4. **整理成形**　将衣底边按净线折叠后车缝固定。左前片采用同样的方法缝制，见图5-27。

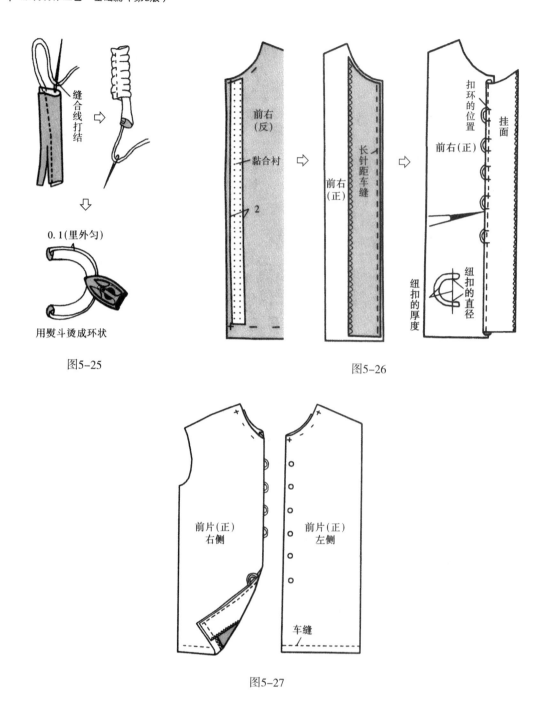

缝合线打结

0.1（里外匀）

用熨斗烫成环状

图5-25

前右（反）

黏合衬

2

前右（正）

长针距车缝

扣环的位置

挂面

前右（正）

纽扣的直径

纽扣的厚度

图5-26

前片（正）右侧

前片（正）左侧

车缝

图5-27

第二节　衣片中间的门襟开口

款式A…短门襟开口（图5-28）

圆领口的3种短门襟开口，其制图方法相同，见图5-29所示，但门襟的处理方法各不

图5-28

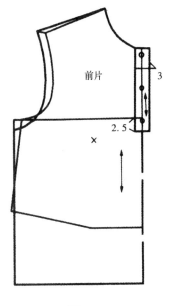

图5-29

相同。

（一）门襟缝制方法一

本方法是在下端角部剪口而不会脱线的方法，见图5-30。

1. **裁剪门襟** 左、右片门襟的裁剪方法相同，将下端如图5-31所示修剪后，在反面烫薄型黏合衬，见图5-31。

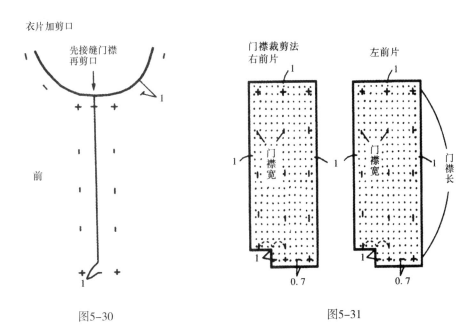

图5-30

图5-31

2. **按完成状折叠熨烫门襟左、右片**　见图5-32。

3. **缝合门襟布与衣片**　将门襟布放在领口已滚边的前衣片上车缝，然后在前中心线剪口，剪口位置距净线1cm，见图5-33。

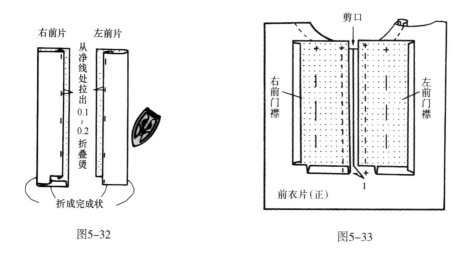

图5-32　　　　　　　　　　　　图5-33

4. **缝合门襟上端**　左、右片门襟分别正面相对折叠，预先估计出面料的厚度，在距净线0.2cm外侧缝合，见图5-34。

5. **门襟布翻到正面**　先将缝份折烫部分的一侧修剪为0.5cm，用手指压住角边翻到正面，见图5-35。

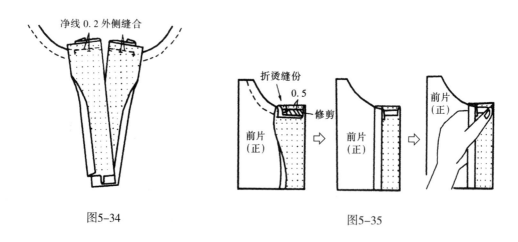

图5-34　　　　　　　　　　　　图5-35

6. **左门襟车明线**　掀开右前片，把左前门襟整理成型后，车缝明线固定，见图5-36。

7. **右门襟车明线**　掀开左前片，整理右前门襟后车缝明线固定。下端1cm处不回针缝，见图5-37。

8. **固定门襟**　重叠对正左、右门襟后，在两片门襟下端一起车缝固定，见图5-38。

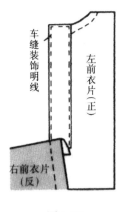

图5-36

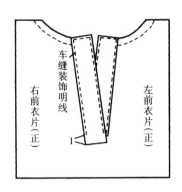

图5-37

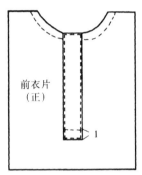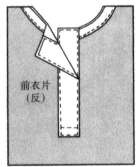

图5-38

（二）门襟缝制方法二

本方法是门襟接缝线缝制得较为平整的方法。

要领：因把接缝门襟的缝份分开烫平，所以可缝制得较为平整，见图5-39。先把门襟烫折成完成状后再缝合，最后剪口，并在剪口处的反面烫上一小块黏合衬，以防止脱线。此方法不适合透明的面料。

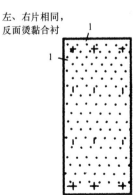

左、右片相同，
反面烫黏合衬

图5-39

1. **车缝门襟** 先将门襟对折熨烫，再将衣片反面门襟缝线的下端部位烫上一小块黏合衬，最后将门襟放在衣片上缝合，见图5-40。

2. **在缝合线上折烫门襟缝份** 见图5-41。

3. **缝合门襟上端** 在门襟上端净线外侧0.2cm处缝合，这样翻至正面时会相当平整，见图5-42。

4. **把门襟翻到正面** 先将门襟上端的缝份进行处理（参照方法一中的步骤5），然后把门襟翻到正面加以整烫，见图5-43。

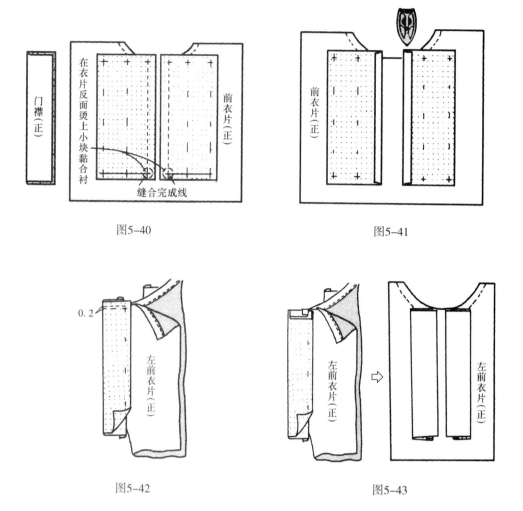

图5-40   图5-41

图5-42   图5-43

5. **门襟车缝装饰线** 掀开衣片，除门襟下端外，在其余3边车缝明线，见图5-44。

6. **剪Y形剪口** 掀开门襟，在衣片上剪Y形剪口，见图5-45。

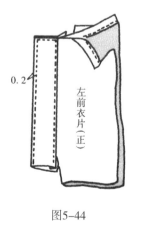

图5-44

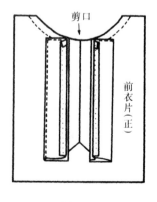

图5-45

7. **整理门襟缝份** 把缝份向衣片反面折倒，门襟的下端也折入反面并加以整理，见图5-46。

8. **车缝固定门襟下端** 掀开衣片，车缝固定门襟下端，但注意要车缝2～3道才能牢固，见图5-47。

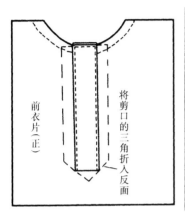
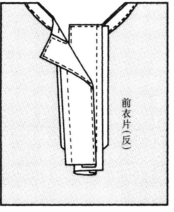

图5-46 图5-47

9. **三线包缝缝份** 修剪缝份为1cm宽，再三线包缝缝份，见图5-48。

10. **缝成完成状** 左图为正面，右图为反面，见图5-49。

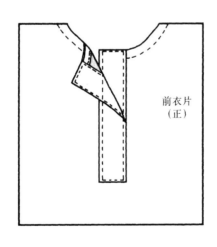
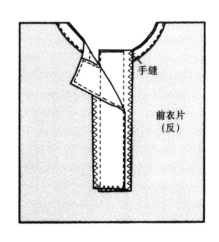

图5-48 图5-49

（三）门襟缝制方法三

本方法是一种简易的缝制方法。只把门襟对折，直接与衣片缝合，适合于针织布等具有伸缩性的面料。

1. **裁剪门襟** 把门襟的两侧缝份放1/2门襟宽的量，在反面烫上黏合衬后，对折烫平，见图5-50。

2. **缝合门襟与衣片** 把左、右门襟的缝份对齐放在衣片前中心线的位置上，沿门襟宽的净线车缝固定。为防止衣片剪口后脱线，车缝前应在衣片反面烫上一小块黏合衬，见图5-51。

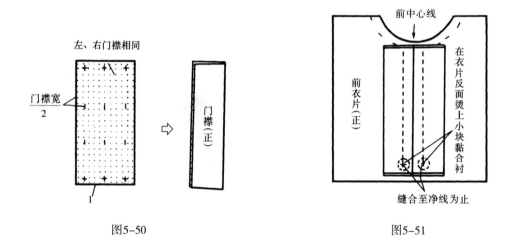

图5-50　　　　　　　　　　　　　　　图5-51

3. **在衣片的门襟位置剪Y形剪口** 见图5-52。

4. **翻烫门襟** 将门襟的缝份折向反面，用熨斗烫平，见图5-53。

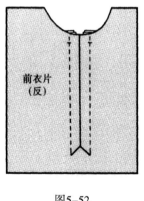　　　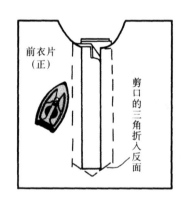

图5-52　　　　　　　　　　　　　　　图5-53

5. **固定门襟下端** 先把左、右门襟对正，掀开衣片，在门襟的下端车缝固定两道线，最后将缝份三边三线包缝（除上端外），见图5-54。

6. **车缝明线** 如需车缝明线，要车缝在门襟外侧的衣片上，见图5-55。

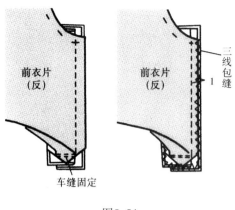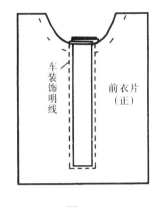

图5-54　　　　　　　　　　　　　　　图5-55

款式B···开口止点为L形的中间门襟开口（图5-56）

由于开口止点到衣底边的前中心线要有缝合线，故开口止点形成L形。这种处理方法常用于连衣裙中。又由于开口止点在缝制时要剪口，故应避免使用容易脱线的面料，其结构见图5-57。

图5-56　　　　　　　　　　　　　　图5-57

1. **缝合挂面与衣片**　将挂面反面烫上黏合衬，再与衣片缝合。挂面的裁剪要上下相连，缝合挂面前要先将上衣与裙子缝合。右前片把开口止点缝成L形，左前片则直接缝合至挂面的下端。为防止衣片开口止点下端剪口时脱线，要在衣片反面的开口止点处烫上一小块黏合衬，见图5-58。

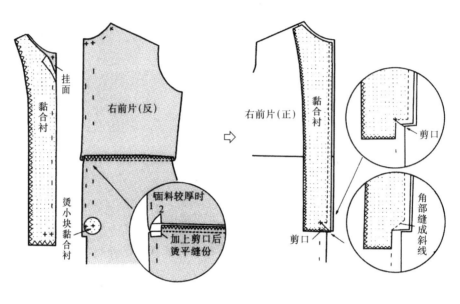

图5-58

2. **把挂面翻向正面**　挂面在翻向正面之前，先把缝份折向衣片侧，用熨斗烫平缝份。若采用厚面料时，为使缝合线平整，可先把缝份分开烫平再翻向正面，见图5-59。

3. **缝合开口止点以下衣片**　开口止点以下为防止脱线，要采用回针缝，见图5-60。

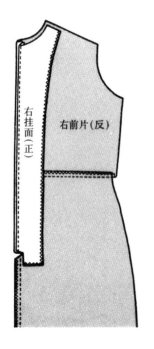

图5-59

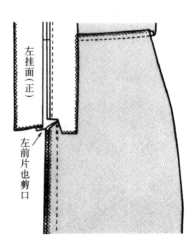

图5-60

4. **整理门襟** 在右衣片搭门前止口车缝明线至L形转角处，使反面的挂面能固定住。如搭门前止口不车缝明线，则应在L形部位的反面用手缝固定，见图5-61。

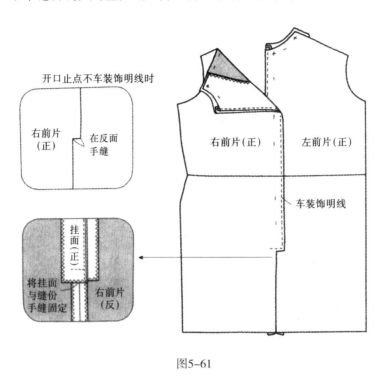

图5-61

第三节 开衩

款式A···领口开衩I（图5-62）

此款领口开衩的结构见图5-63。

图5-62

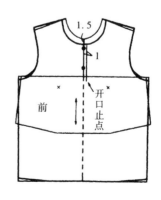

图5-63

1. **放缝与裁剪** 见图5-64。

2. **车缝里襟** 把里襟贴边布放在前衣片的领口开衩处，使之正面相对后车缝。在开衩处剪口，衣片剪口位置的反面应在缝合前烫上薄型黏合衬，见图5-65。

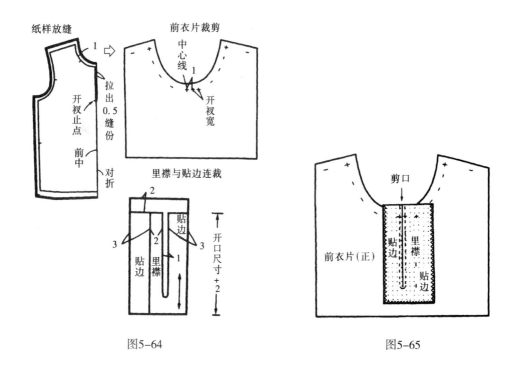

图5-64   图5-65

3. **整理门襟** 把里襟、贴边翻折到衣片反面，整理后只用熨斗烫平右前侧，见图5-66。

4. **缝制左门襟** 把左前片的缝份向反面折倒，用熨斗烫平，见图5-67。

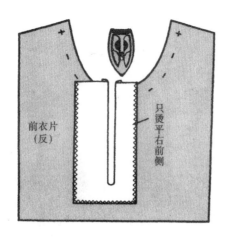

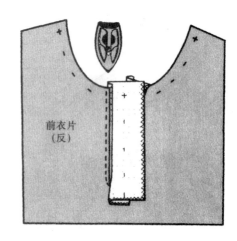

图5-66   图5-67

5. **折烫里襟** 把里襟布折烫成完成状，见图5-68。

6. **缝合领口** 把领口开衩贴边折成正面相对，上面放领口贴边再缝合领口，见图5-69。

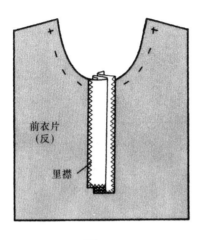

图5-68

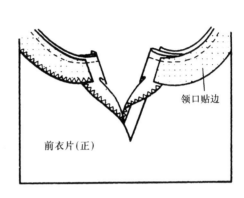

图5-69

7. **整烫领口** 将衣片翻到正面，熨烫领口时注意衣片与领口贴边要有里外匀。在左前片里襟上车缝明线，见图5-70。

8. **领口车缝明线** 从里襟布的边端领口，在右片前搭门止口线连续车缝明线，见图5-71。

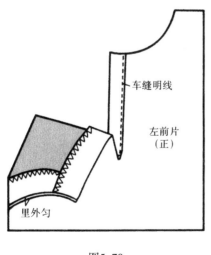

图5-70

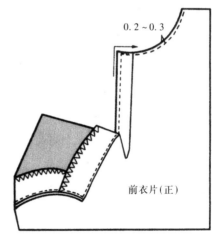

图5-71

9. **固定开衩止点** 把开衩止点位置重新叠好，两片一起车缝明线，见图5-72。

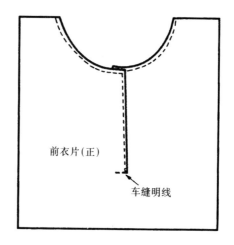

图5-72

图5-73

款式B···领口开衩 II（图5-73）

此款领口开衩的结构见图5-74。

1. **裁剪** 在前衣片领口开衩处要留出缝份，开衩贴边布也同样处理，见图5-75。

2. **缝合贴边与衣片** 在缝合贴边布时要将扣环夹缝固定，缝合后将开衩中心线剪开，剪口时别剪到车缝边缘，见图5-76。

3. **整理开衩贴边** 将贴边布翻向衣片反面，用熨斗整烫后，在正面车缝一道明线，见图5-77。

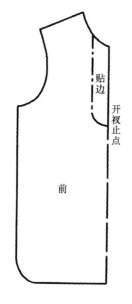

图5-74

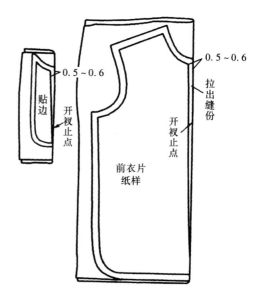

图5-75

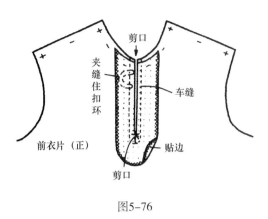

图5-76

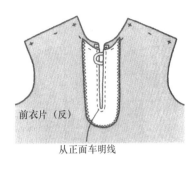

图5-77

款式C…宝剑头式的衬衫袖开衩袖口（图5-78）

此款为袖开衩上端呈宝剑状的袖型，常用于男、女衬衫的袖口开衩中。其缝制方法有两种，结构见图5-79。

图5-78

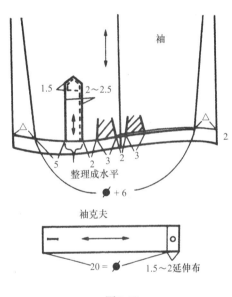

图5-79

（一）先缝合大小袖衩，再剪口的方法

1. **裁剪** 袖片上的剪口无论袖衩是宽型还是窄型，都这样剪口，但剪口必须在缝制大小袖衩时进行。小袖衩是以剪口长为基准，宽度比剪口宽（1.5cm）要窄一些，见图5-80。

2. **用熨斗折烫大、小袖衩** 见图5-81。

3. **在袖片反面缝合大、小袖衩** 见图5-82。

4. **在袖片上剪口** 见图5-83。

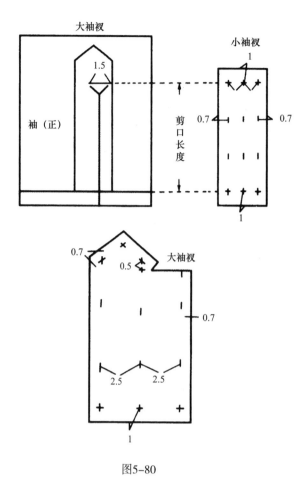

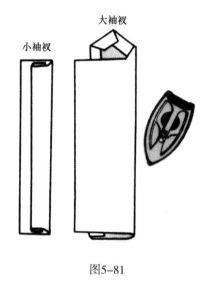

图5-80

图5-81

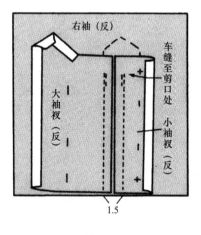

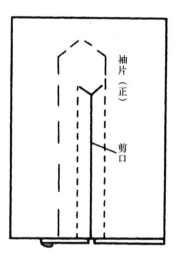

图5-82

图5-83

5. **翻折大、小袖衩** 把大、小袖衩翻折到正面，车缝顶端的三角部分。注意：剪口上的三角部分须向上折，见图5-84。

6. **车缝明线固定** 将大袖衩折成完成状，对正位置后，车缝明线固定，见图5-85。

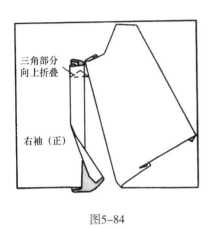

图5-84

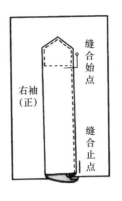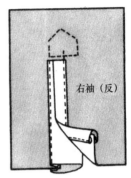

图5-85

（二）先剪口，再夹缝大、小袖衩的方法

1. **裁剪** 裁剪小袖衩和大袖衩，见图5-86。

2. **扣烫** 分别扣烫小袖衩和大袖衩，使之成为完成状，见图5-87。

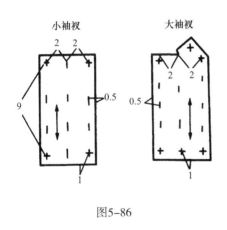

图5-86

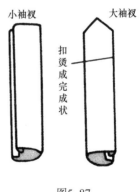

图5-87

3. **车缝** 车缝小袖衩、大袖衩，在袖片开衩位置剪口，将扣烫成形的小袖衩、大袖衩分别夹缝于袖片的开口上，见图5-88。

4. **车缝固定大袖衩上端的宝剑头** 注意车缝的起点和止点，见图5-89。

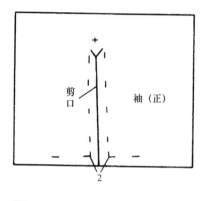

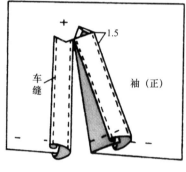

图5-88

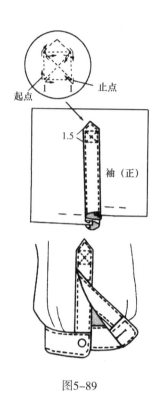

图5-89

款式D···用滚边布的衬衫袖开衩袖口（图5-90）

这是女衬衫常用的一种袖开衩形式，开口采用滚边的方法。

1. **裁剪**　裁剪、扣烫滚边布，见图5-91。

图5-90

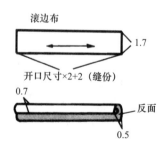

图5-91

2．**缝合滚边布** 在袖口开衩位置剪口，将滚边布未经扣烫的一侧与开口缝合，见图5-92。

3．**固定滚边布** 在袖反面用回针缝斜向缝3道固定滚边上端，见图5-93。

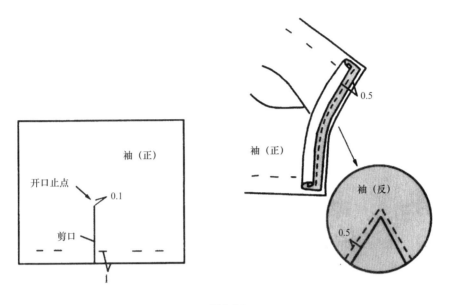

图5-92

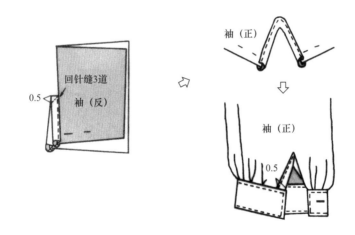

图5-93

款式E···加贴边布的衬衫袖开衩袖口（图5-94）

这是在袖衩开口反面缝制贴边布的方法，常用于女装及童装中。

1．**裁剪** 裁剪、扣烫贴边布，先扣烫贴边布的边缘缝份为0.5cm，再车缝加以固定，见图5-95。

图5-94

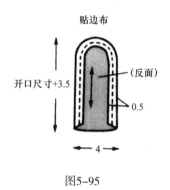

图5-95

2. **缝合贴边布** 将贴边布放在袖衩开口位置并与之缝合，然后把开衩剪开，见图5-96。

3. **固定贴边布** 将贴边布从剪口处翻向袖反面，整烫成形后沿开衩车缝0.1cm固定，将贴边布上端手缝固定于袖子上，见图5-97。

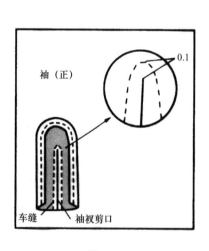

图5-96

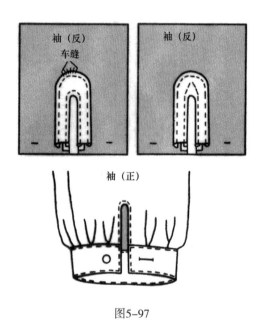

图5-97

款式F···无里布的一片合体袖开衩袖口（图5-98）

这是袖口收省的合体一片袖的缝制方法，其要点是袖口省道车缝，外形呈开衩状，其结构见图5-99。

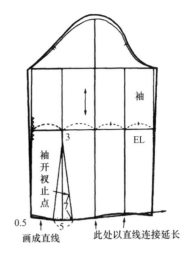

图5-98

图5-99

1. **折烫**　先折烫贴边，然后折烫省道，见图5-100。
2. **车缝**　车缝省道与袖口开衩，见图5-101。

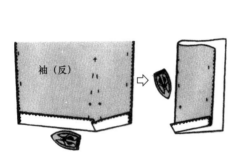

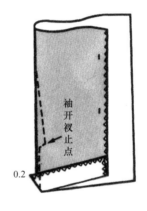

图5-100

图5-101

3. **整烫省道**　见图5-102。
4. **手缝固定**　袖口开衩的下端要手缝得细密些，见图5-103。

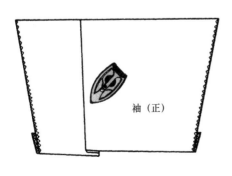

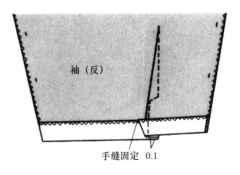

图5-102

图5-103

款式G…无里布的两片合体袖开衩袖口（图5-104）

两片合体袖的缝制方法有两种，可根据个人的需要加以选择，其结构见图5-105。

图5-104

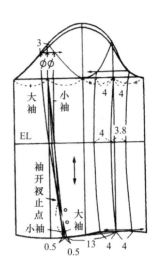

图5-105

（一）袖开衩及以上的缝份均折向一侧的缝合方法

1. **裁剪**　大、小袖片的袖开衩所放的缝份相同，见图5-106。

2. **车缝袖开衩**　折烫大袖片袖开衩贴边，在袖口净线处缝合到对位记号，见图5-107。

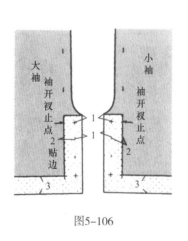

图5-106

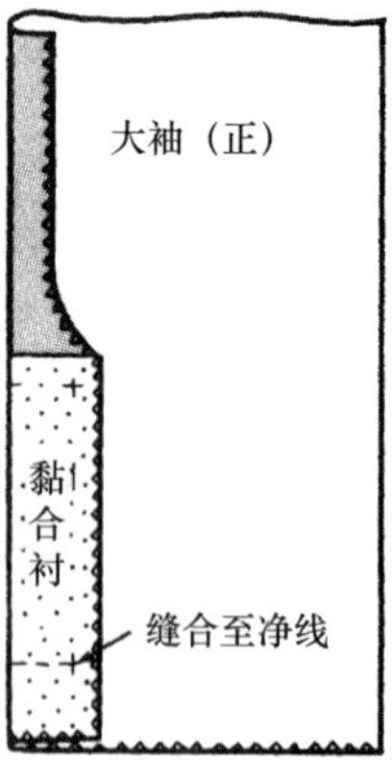

图5-107

3. **修剪**　修剪大袖片袖口贴边角部，然后只在其中一侧打剪口，见图5-108。

4. **缝合袖开衩**　将大袖片开衩贴边翻到正面整理后，与小袖片一起缝合，即把大袖片的A部分与小袖片的A部分正面相对缝合，见图5-109。

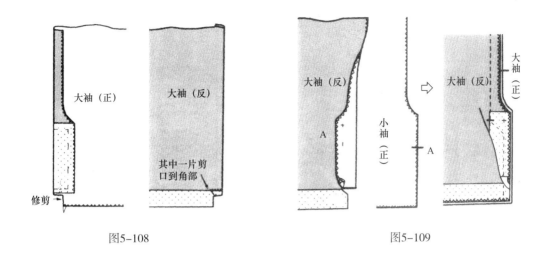

图5-108　　　　　　　　　　　　　　图5-109

5. **打剪口**　在袖开衩处将小袖片的缝份打剪口，袖开衩处及开衩以上的缝份均折烫向一侧，袖口贴边的缝份要分开烫平，见图5-110。

6. **手缝固定**　最后把袖口贴边折叠，用暗缲针缝合，见图5-111。

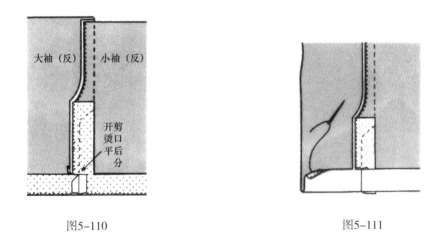

图5-110　　　　　　　　　　　　　　图5-111

（二）袖开衩以上的缝份均分开的缝合方法

1. **裁剪**　大袖片开衩止点的贴边上端要裁成圆弧状。小袖片开衩处要放出贴边和延伸布的量，转角处要裁成方角形，并向下剪口0.5cm，见图5-112。

2. **烫贴袖口黏合衬**　如果是透明的面料或想缝成柔软的感觉时，可不用黏合衬，见图5-113。

3. **剪口**　缝合袖外缝后，在小袖片上的开衩止点剪口。从袖口开衩止点到延伸布的部分要斜向缝合，剪口也要斜向，然后将开衩以上缝份分开烫平，见图5-114。

4. **整理袖口**　折烫袖口和开衩的贴边，开衩止点上端车缝固定住缝份。袖口侧面用手缝固定，见图5-115、图5-116。

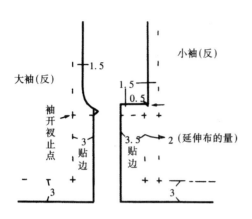

图5-112

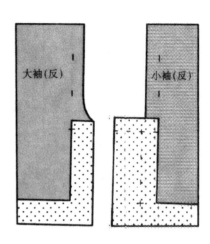

图5-113

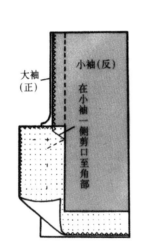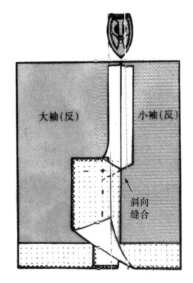

图5-114

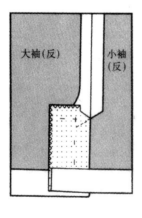

图5-115

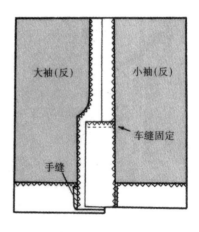

图5-116

款式H···无里布的裙摆开衩（图5-117）

这是连接缝合止点、上下都车明线的开衩缝制方法，常用于较粗犷的面料。其缝制方法有以下两种。

（一）先车缝开衩中线上的装饰明线的方法

1. **车缝装饰线** 将要车缝装饰线的部位折成完成状，然后沿折边车缝装饰明线，见图5-118。

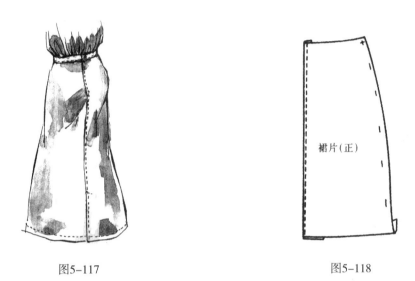

图5-117　　　　　　　　　　　　　　图5-118

2. **车缝裙片** 先假缝固定需要缝合的部位，翻开到装饰线边缘，再车缝固定，见图5-119。

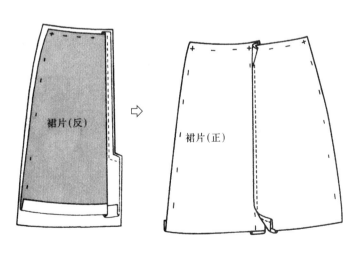

图5-119

（二）先车缝至缝合止点，在缝份剪口后，继续车装饰明线的方法

有里布的开衩缝制方法：

1. **车缝裙片**　按净线车缝开衩止点以上部分，距离缝合止点2cm处打剪口，见图5-120。

2. **车缝开衩处明线**　整理开衩部分，在开衩处继续车缝装饰明线，见图5-121。

无里布的开衩缝制方法：在延伸布折叠缝份的内侧剪口，与有里布的缝制方法同样车缝装饰线。折叠缝份后，再车缝缝合止点以上的装饰明线，见图5-122。

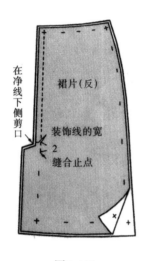
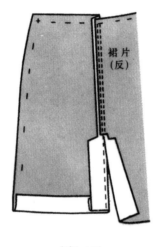

图5-120　　　　　　　　　图5-121　　　　　　　　　图5-122

款式Ⅰ…有里布的裙摆开衩（图5-123）

这是有里布裙摆开衩的缝制方法，适用于西服裙、男女套装及西服中。

1. **裁剪**　见图5-124、图5-125。

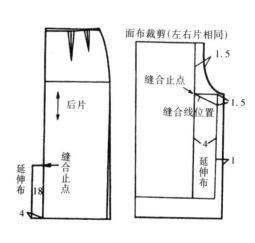

图5-123　　　　　　　　　　　　　　图5-124

后开衩时，里布后中腰线的处理方法：若用车缝缝合里布，里布会因缩缝而使之起吊，为避开这一缺陷，在裁剪里布的后片时，应在后中腰线上增加0.5cm的缩缝量，见图5-126。

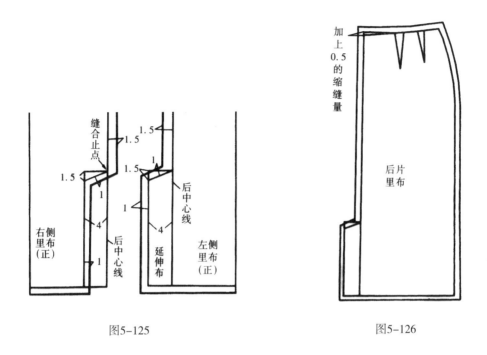

图5-125　　　　　　　　　　　　　　　图5-126

2. **车缝开衩**　面布后中线缝合到缝合止点，从缝合止点到延伸布应斜向缝合，见图5-127。

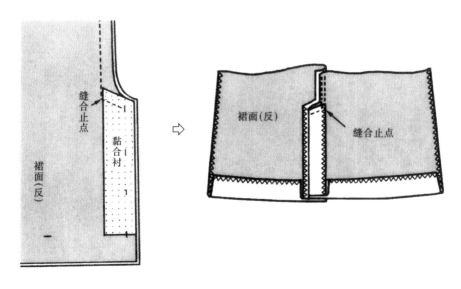

图5-127

3．**整理缝份**　在左侧缝合止点斜向剪口后，分缝烫开缝合止点以上的缝份，见图5-128。

4．**缝合里布后中心线**　从净线记号的0.2cm外侧缝合里布，车缝到缝合止点为止，见图5-129。

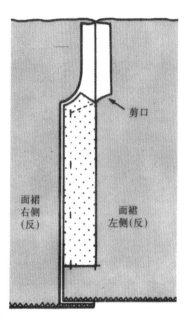

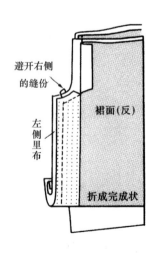

图5-128　　　　　　　　　　　　　　　　　图5-129

5．**车缝裙底边**　将缝份向右侧烫倒，注意要烫出0.2cm的放松量，裙底边折边后车缝，见图5-130。

6．**缝合左侧里布与面布**　将左侧里布与面布的延伸布正面相对缝合。要避开右侧的缝份，裙底边的正面相对折成完成状后一起缝合，见图5-131。

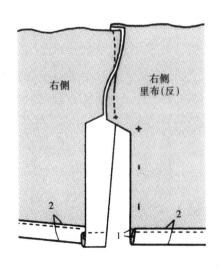

图5-130　　　　　　　　　　　　　　　　　图5-131

7. **车缝明线**　翻到正面，在边端车缝明线，把缝合止点以上的里布缝份用手针缝于面布的缝份上，见图5-132。

8. **卷缝固定右侧裙摆折边**　把里布右侧的缝份折成完成状，用细密的手缝针迹加以固定，见图5-133。

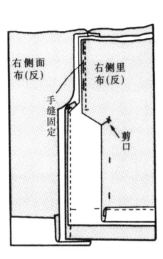

图5-132

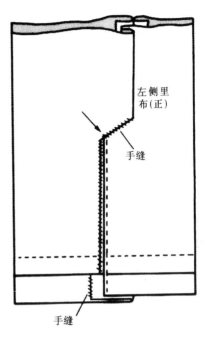

图5-133

第四节　拉链开口

款式A···裤子前片拉链开口（图5-134）

裤子前片中心绱拉链作为开口的缝制方法有两种，左前片在上或右前片在上都可以，但一般情况是女裤右前片在上，男裤左前片在上，或根据个人喜欢加以选择。

（一）门襟、里襟另外裁剪的方法

裤子前片门、里襟结构见图5-135。

1. **里襟、门襟与裤片接缝**　里襟的下部要缝合，再翻折到正面。在门襟反面烫上黏合衬，再与裤片车缝固定，见图5-136。

2. **缝合前、后裆弯线**　把拉链车缝固定在左、右前片上，前、后裆弯线要车缝两道，以增加牢度。右前片的缝份拉出0.3cm折叠，放在拉链上面和里襟布一起车缝固定，见图5-137。

图5-134

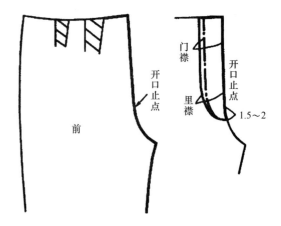

图5-135

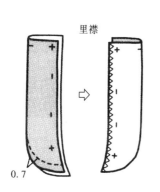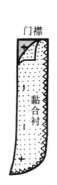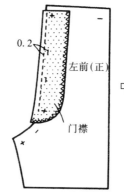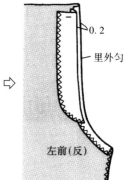

图5-136

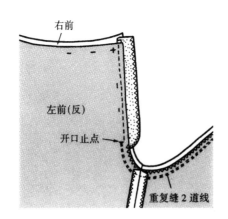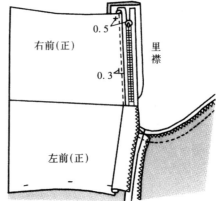

图5-137

3. **把拉链的布端固定在门襟上** 对正右前片和左前片，先用手针假缝固定，再掀开里襟布加以车缝固定，见图5-138。

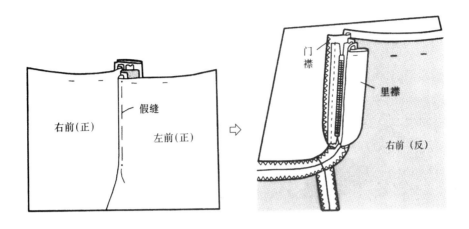

图5-138

4. **门襟车装饰明线** 掀开里襟布，再从正面车一道固定门襟的装饰明线。固定门襟后，再把掀开的里襟布放回原处，将里襟布用回针缝缝到开口止点的位置，使之固定，见图5-139。

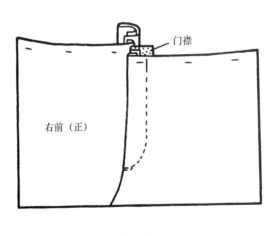

图5-139

（二）门襟、里襟连裁的方法

此方法常用于伸缩性面料或开口较浅的款式，使接缝拉链的位置为直线。

1. **缝合前、后裆弯线** 右前片在上或左前片在上缝合均可，如左前片在上，则门襟要在裤边连续裁出。缝合前、后裆弯线，并重复车缝两道。见图5-140。

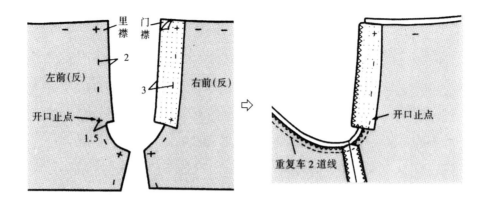

图5-140

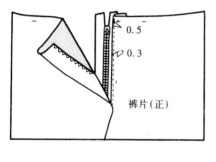

图5-141

2. **把拉链车缝在左前片上** 左前片的里襟布要拉出0.3cm折叠，再将其放在拉链的布端车缝固定，见图5-141。

3. **把拉链的布端固定在门襟上** 先假缝固定再车缝，假缝要在拉链齿的边缘，见图5-142。

4. **固定门襟** 从右裤片到门襟要车缝一道固定门襟的装饰明线，见图5-143。

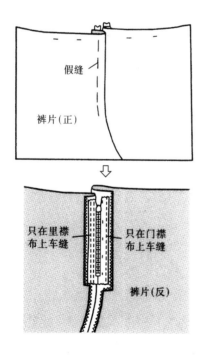

图5-142

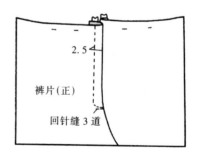

图5-143

款式B···普通拉链的裙侧缝拉链开口（图5-144）

拉链常用于裙子和裤子的开口，为使拉链拉上后看不见链齿，要把下侧车缝拉链的位置放在完成线稍内侧。尤其是在侧缝开口时，注意其曲线不要拉长，拉链链齿的长度要比开口尺寸短1cm，其结构见图5-145。

图5-144

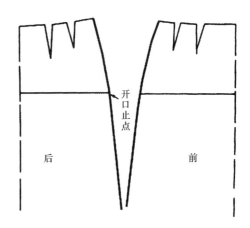

图5-145

拉链开口的缝制方法分无里布与有里布两种。

（一）无里布的缝制方法

1. **缝合侧缝线**　为防止侧缝曲线拉长，要在其完成线里侧烫上黏合牵条，见图5-146。

2. **整烫开口缝份**　把后片的侧缝缝份拉出0.3cm折叠。在折叠前，用熨斗烫开口止点以下的缝份。从开口止点以下2~3cm处向外拉出0.3cm的量，见图5-147。

3. **把拉链布与后片缝合**　把拉链链齿的上端对正腰围线对位记号向下约0.7cm处。先假缝后再车缝。车缝拉链时使用单边压脚，见图5-148。

4. **把拉链布与前片缝合**　把拉链拉上，将前片叠在后片的开口上，用大头针固定，然后进行假缝，再从开口止点向腰围线车缝，见图5-149。

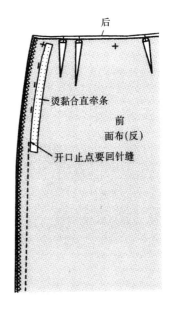

图5-146

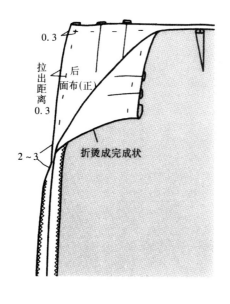

图5-147

图5-148

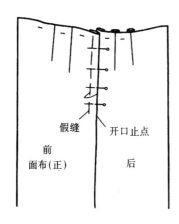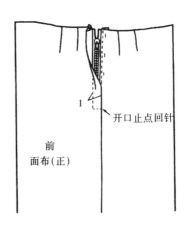

图5-149

（二）有里布的缝制方法

1. **缝合里布**　里布的省道、侧缝都要从完成线向缝边一侧宽出0.2~0.3cm，这是里布的放松量，以调节里布的活动量。侧缝要缝合到距开口止点1.5~2cm处，缝份向前片折倒，见图5-150。

2. **面布和里布的侧缝缝份要绗缝**　在开口的侧缝缝份上，从开口止点下方5cm左右处至底边上方10cm左右的位置，用手针松松地假缝固定，注意千万不要起皱。无开口一侧要从腰围线下方1cm左右处绗缝至底边上方10cm左右的位置，见图5-151。

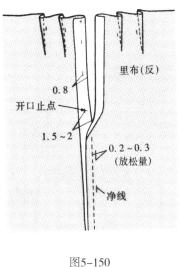

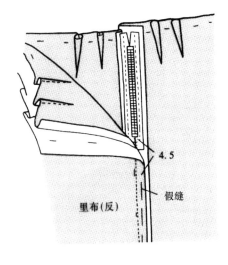

图5-150

图5-151

3. **手缝里布的开口部分**　为防止里布被拉链夹住，用手针在距里布开口折边0.5cm处用星点缝固定。开口折边用手缝固定，见图5-152。

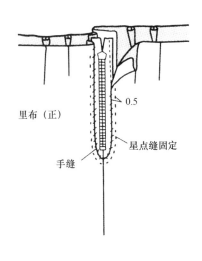

图5-152

款式C···隐形拉链的裙后片拉链开口（**图5-153**）

隐形拉链缝制的开口，由于其正面不显露，故被广泛地用于女裙装中。拉链的长度要比开口长2~3cm，见图5-154。

1. **缝合后片中线**　在开口位置车一道长针距的线迹，目的是便于拉链的缝制，见图5-155。

2. **假缝固定拉链** 后中线的缝份要分开烫平，把拉链齿的中心对正缝合线，假缝固定。如果在缝份上加拉链布边宽度的记号，固定则较容易，见图5-156。

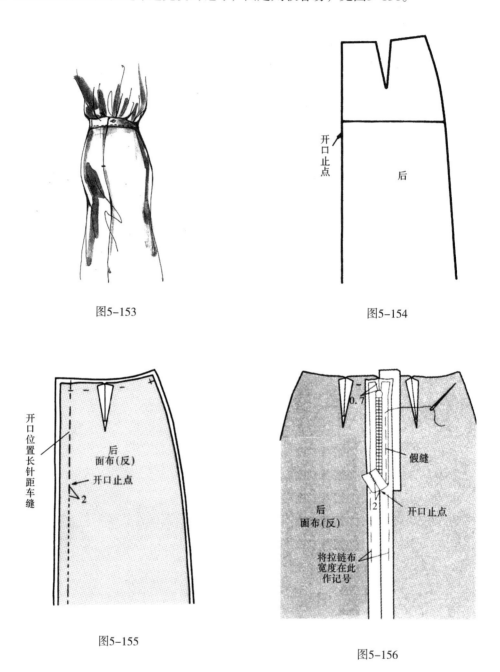

图5-153　　　　　　　　　　　　　　　　　　图5-154

图5-155

图5-156

3. **车缝固定拉链** 先拆开开口处的长针距缝线，采用隐形拉链压脚车缝拉链到开口止点，见图5-157。

4. **缝合尚未缝合的部分** 拉出拉链的末端，用手缝或车缝固定尚未缝合的部分，见图5-158。

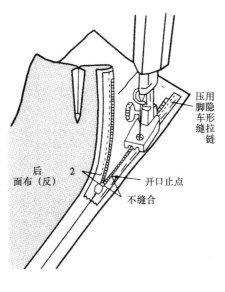
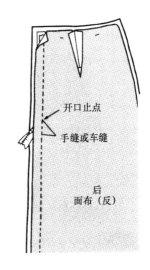

图5-157   图5-158

5.**加里布** 其缝制方法参照本节款式B"有里布的缝制方法"中的步骤3,见图5-159。

6.**不加里布** 要把拉链布的两侧分别与开口处的缝份车缝固定,见图5-160。

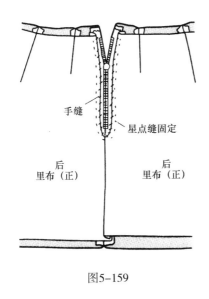
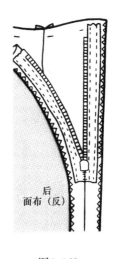

图5-159   图5-160

第五节 暗门襟开口

款式A···折叠的暗门襟开口(图5-161)

  这是一款贴边与前衣片连裁,折叠之后再进行缝制的双层门襟开口。纽扣要选择较薄且平坦的式样，其结构见图5-162。

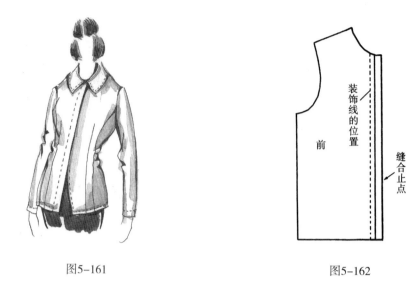

图5-161

图5-162

1. **裁剪衣片** 从正面车缝一道装饰明线，即可固定暗门襟及挂面。暗门襟的宽度要比装饰明线的宽度多0.5cm，见图5-163。

2. **把挂面折烫成完成状** 先在挂面反面烫上黏合衬，折烫后锁上扣眼，并用熨斗烫平，见图5-164。

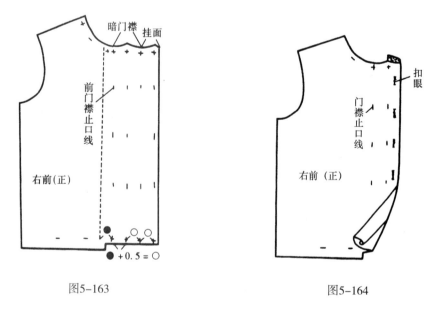

图5-163

图5-164

3. **缝合暗门襟布** 从暗门襟缝合止点缝合到衣底边后，再车缝衣片和挂面的底边。采用厚型面料时，要修剪缝合止点以下的暗门襟布，见图5-165、图5-166。

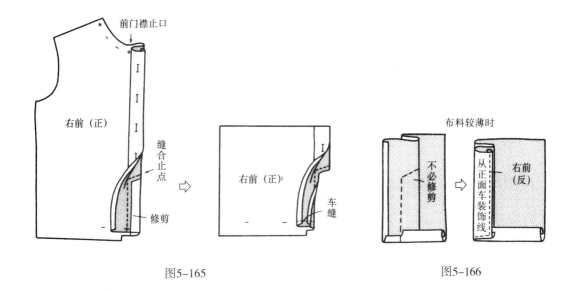

图5-165　　　　　　　　　　　图5-166

4．**车装饰明线固定暗门襟及挂面**　先把挂面翻到正面，整理、假缝固定后再缝合，扣眼与扣眼之间要用线环固定，见图5-167。

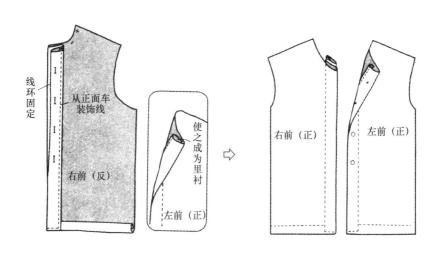

图5-167

款式B···简易暗门襟开口（图5-168）

这是衣片与贴边和门襟连裁的方法。把门襟翻折到正面，在下层锁上扣眼，其结构见图5-169。

1．**裁剪衣片**　要翻折成完成状后再裁剪领口，这样才能保证领口门襟折叠后其缝份不会变小。由于门襟折叠后显得较厚，故不需要烫黏合衬，见图5-170。

图5-168

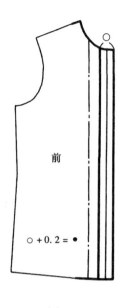

图5-169

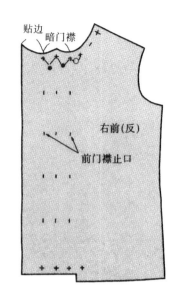

图5-170

2. **车缝前片底边** 见图5-171。

3. **把贴边向正面翻折** 在门襟的边端车缝装饰线，门襟的下层要锁上扣眼，见图5-172。

4. **从前门襟止口至衣底边车缝一道装饰明线** 见图5-173。

5. **左前片钉上纽扣** 对正左、右衣片的前中心线，在左衣片扣位处钉上纽扣，见图5-174。

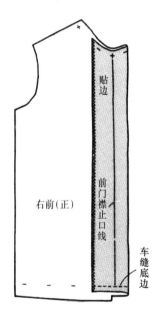

图5-171

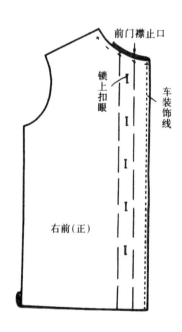

图5-172

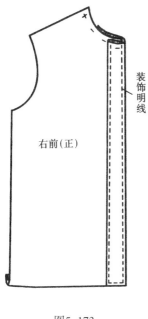

图5-173

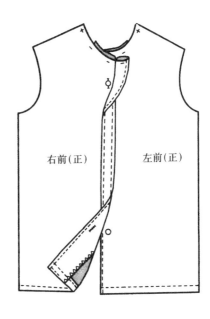

图5-174

款式C…挂面开扣眼的暗门襟开口（图5-175）

此缝制方法是在另外裁剪的挂面上开扣眼，和衣片对正后，再缝合前门襟止口钱，其结构见图5-176。

1. **绱暗门襟布**　在挂面和右前片分别缝上暗门襟布，挂面烫上黏合衬，将其中一片暗门襟布假缝后，在正面开扣眼，见图5-177。

图5-175

图5-176

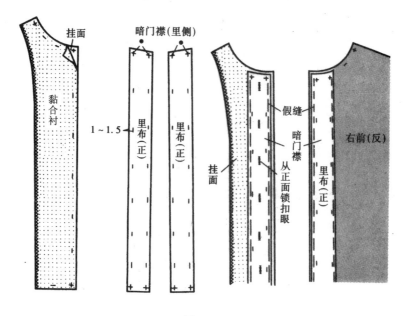

图5-177

2. **车缝门襟**　对正衣片和挂面车缝前门襟线，缝份要分开烫平，见图5-178。

3. **挂面车装饰明线**　在左前片钉上纽扣，见图5-179。

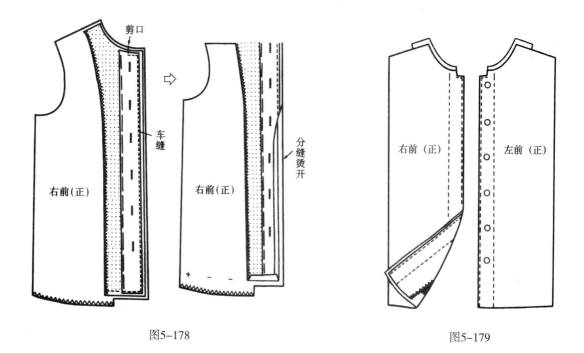

图5-178　　　　　　　　　　　　　　　　图5-179

款式D…挂面上作嵌线的暗门襟开口（图5-180）

在与衣片连裁的挂面上开口，使之容易扣上纽扣。暗门襟布要用里子布来裁剪，其结构见图5-181。

图5-180

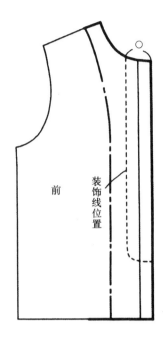

图5-181

1. **裁剪衣片和暗门襟** 在挂面的开口位置作记号，挂面反面要烫上黏合衬，见图5-182。

2. **缝合衣片和暗门襟** 缝合时要在上、下两端回针缝成圆弧状，在中间加剪口，见图5-183。

3. **暗门襟锁扣眼** 把暗门襟折向衣片反面锁上扣眼，开口用熨斗烫平，在开扣眼一侧车缝一道线，见图5-184。

4. **假缝暗门襟** 折叠没开扣眼一侧的暗门襟布，将其与挂面假缝固定，见图5-185。

5. **门襟车装饰明线** 把挂面翻折到正面，从衣片正面车缝装饰明线固定，为使开口不移动，扣眼之间要用线环固定，见图5-186。

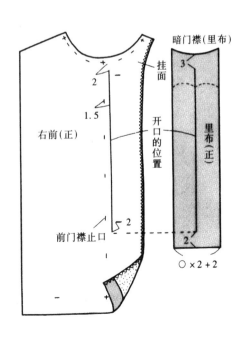

图5-182

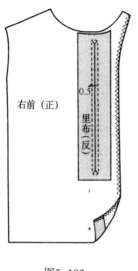

图5-183

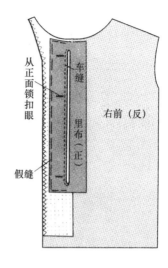

图5-184

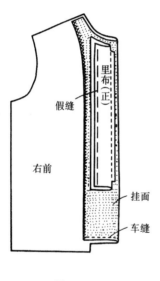

图5-185

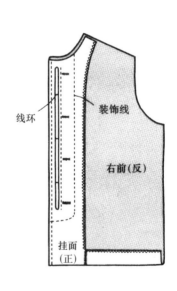

图5-186

款式E…装拉链的暗门襟开口（图5-187）

这是夹克中常用的一种暗门襟拉链的缝制方法，其结构见图5-188。

1. **裁剪衣片、挂面** 由于门襟里侧是装拉链的位置，右边是在挂面侧，左边是在衣片侧，故左、右片的裁剪方法不同。右片要裁出贴边（相当于门襟），左片要裁出衣片延伸布（相当于里襟），见图5-189。

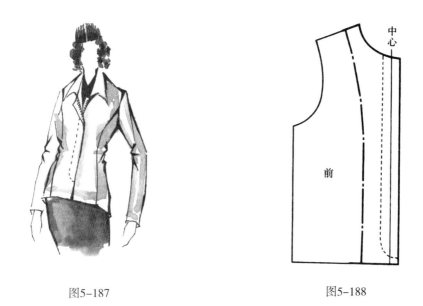

图5-187   图5-188

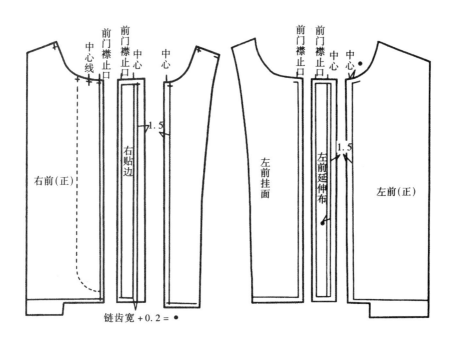

图5-189

2. **缝拉链** 右片、左片要分别缝上拉链，右片用贴边夹缝拉链，左片用延伸布夹缝拉链。然后左、右两片都在衣片的前门襟止口线处车缝，再向正面翻折，见图5-190。

3. **车缝固定拉链** 不论是左片、还是右片，车缝时都要从面料穿过挂面一起缝合，见图5-191。

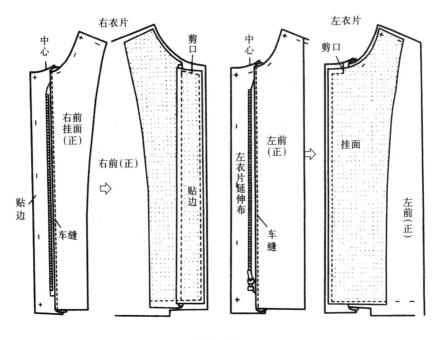

图5-190

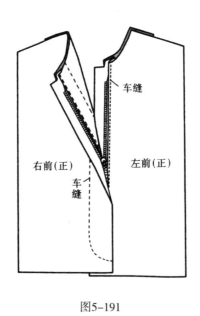

图5-191

款式F···标准式暗门襟开口（图5-192）

标准式暗门襟开口常用于大衣、风衣等外套中。面料较厚时，为使暗门襟缝制平整，反面要烫上黏合衬，其结构见图5-193。

1. **缝合暗门襟布**　在右前片和右挂面分别缝合暗门襟布，衣片和挂面都要从领口下面1~2cm的位置缝合到开口止点，见图5-194。

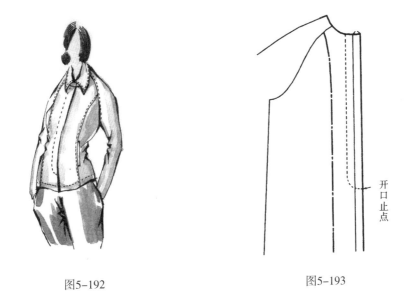

图5-192

图5-193

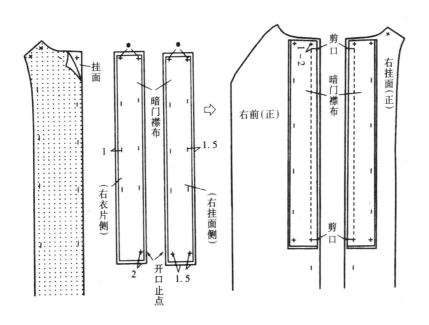

图5-194

2. **固定暗门襟布** 暗门襟布要分别向反面翻折，再假缝固定，见图5-195。

3. **整理衣片和挂面前门襟止口线** 挂面要从正面开扣眼，见图5-196。

4. **车缝前门襟线** 为使门襟翻折后不至于太厚，要修剪缝份，再向衣片侧折倒，并沿缝线熨烫。面料较厚时，要用熨斗烫开缝份，这样不会使缝边过厚，见图5-197。

5. **固定挂面** 把挂面向衣片反面翻折，再车缝固定，见图5-198。

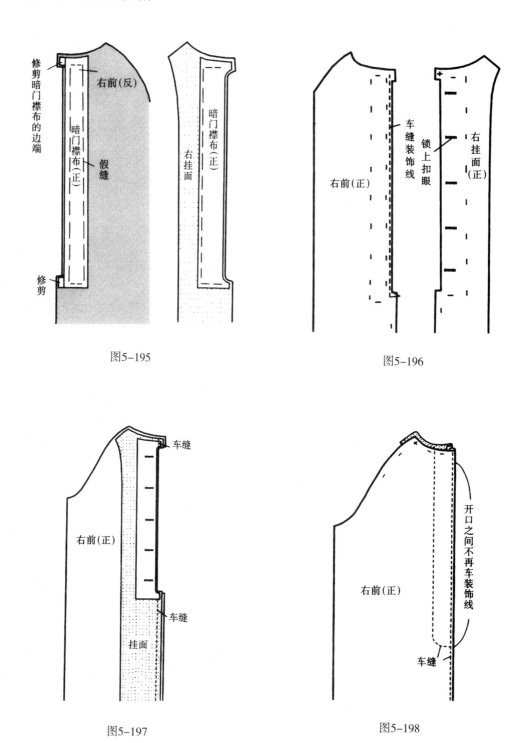

图5-195

图5-196

图5-197

图5-198

6. 开口加线环 线环在前止口线0.5～0.7cm的内侧，处于两扣眼的中间位置，见图5-199。

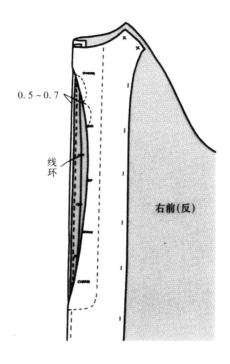

0.5~0.7

线
环

右前(反)

图5-199

思考题

1. 简述门襟开口的几种处理方法。

2. 简述袖开衩的几种处理方法及应用特点。

3. 简述裤子前门襟拉链开口的缝制要点。

作业

1. 缝制短门襟开口一款。

2. 缝制滚边式和宝剑头式衬衫袖开衩袖口一款。

3. 缝制无里布的一片合体袖开衩袖口一款。

4. 缝制有里布裙摆开衩一款。

5. 缝制裙后片隐形拉链开口一款。

第六章 摆边和腰头

第一节 衣摆边

款式A···平摆边衬衫（图6-1）

这是一款前开襟的衬衫，其衣片底摆边的贴边是与衣片连裁的具代表性的衣摆边处理方法。其适用面料范围较广，从棉布、化纤织物到毛料均可采用此种方法缝制。其结构见图6-2。

1. **车缝固定门襟底边** 把黏合衬烫贴在挂面上，车缝固定黏合衬。衣片和挂面在前门襟口折叠，对正止口线，并在底边处车缝。多余的缝份要剪掉，见图6-3。

2. **衣摆边折叠处理** 如为薄料，要沿折边端车缝，或三折后车缝。如中厚及厚面料时，衣摆边要先三线包缝，然后再车缝固定；或三线包缝后，在反面用手缝固定，注意针迹不要在正面露出，见图6-4。

图6-1

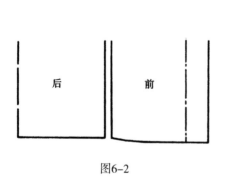

图6-2

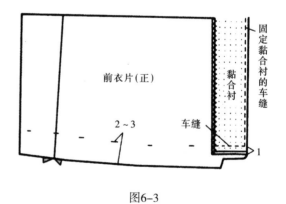

图6-3

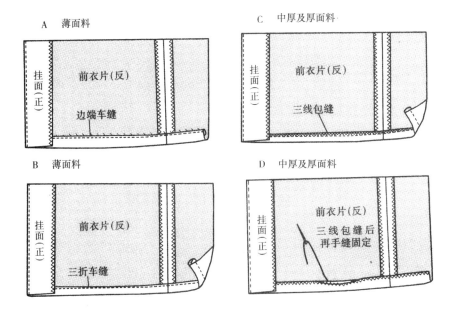

图6-4

款式B···侧缝开衩衬衫（图6-5）

这是利用侧缝的缝合位置，加上开衩的衣摆边处理方法。开衩角部如采用相框处理法，外观则比较漂亮，其结构见图6-6。

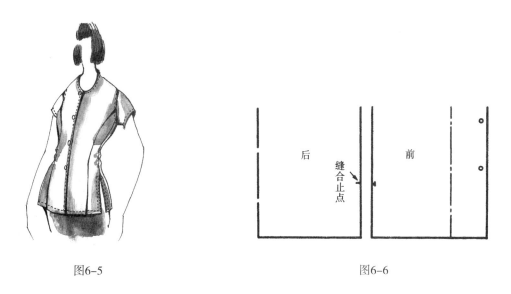

图6-5　　　　　　　　　　　　　图6-6

1. **缝合侧缝**　把前、后衣片对正，车缝到缝合止点。缝合止点要车2～3次回针缝，见图6-7。

2. **做成相框的形状**　分别从开衩角部折叠，把2倍缝份长度的位置点A、B的连线对正后车缝。缝份要分开烫平，见图6-8。

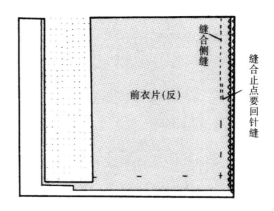

图6-7

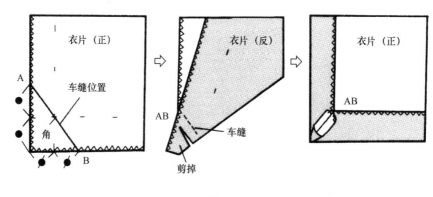

图6-8

3. **翻出正面** 如不使用装饰钱固定，要在缝合止点处车缝固定，见图6-9。

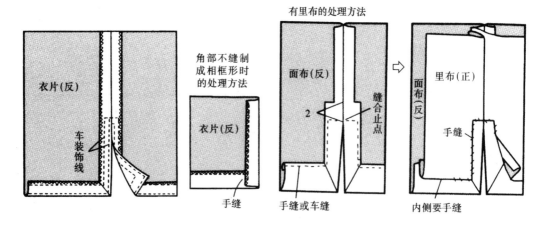

图6-9

款式C…圆摆边衬衫（图6-10）

圆摆边一般有两种处理方法，一是弯曲度较小、前后连在一起的形式，一般采用直接向上折的处理方法，在衬衫中较为常见；二是弯曲度较大，一般采用加开衩贴边的处理方法。

图6-10

（一）摆边弯曲度较小

其结构见图6-11。

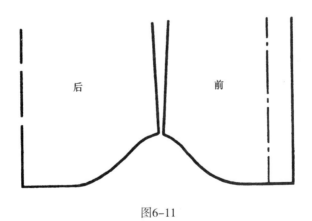

图6-11

1. **先处理衣摆边再拼合侧缝的方法** 此方法用于面料较薄时。首先用三折车缝处理摆边，接着把前、后衣片对正缝合，再缝合侧缝。缝份的边端要先三线包缝，再用熨斗分开烫平，见图6-12。

2. **先缝合侧缝再处理衣摆边的方法** 这是面料较厚时所用的方法。把侧缝缝合分开烫平后，衣摆边先三线包缝，再向上折叠用熨斗烫平，最后车缝固定，见图6-13。

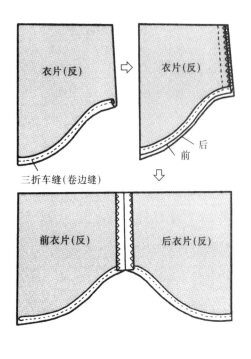

图6-12

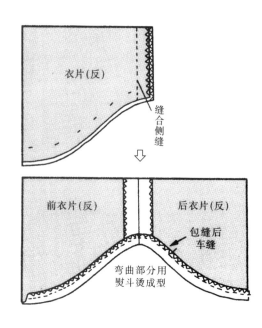

图6-13

（二）摆边弯曲度较大（图6-14）

1. 贴边的处理方法　见图6-15。

2. 斜裁布的处理方法　见图6-16。

3. 缩缝缝边的处理方法　见图6-17。

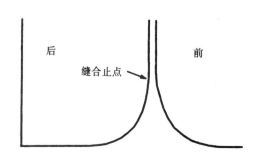

图6-14

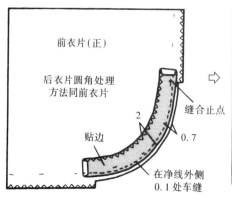

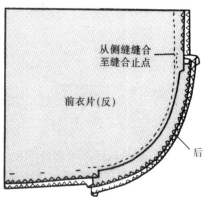

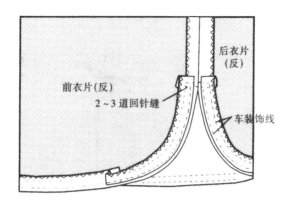

图6-15

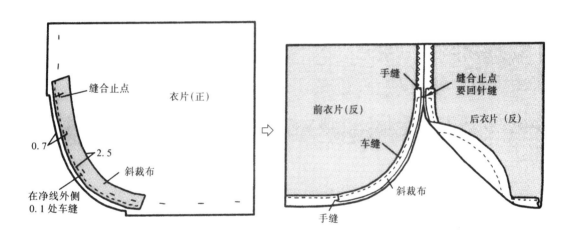

图6-16

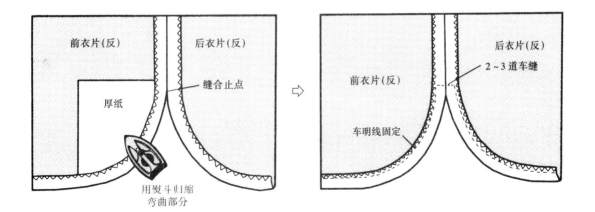

图6-17

款式D···松紧带摆边夹克（图6-18）

这是在夹克或上衣的衣摆边上常见的款式，其特点是在衣摆边穿松紧带，其结构见图6-19。

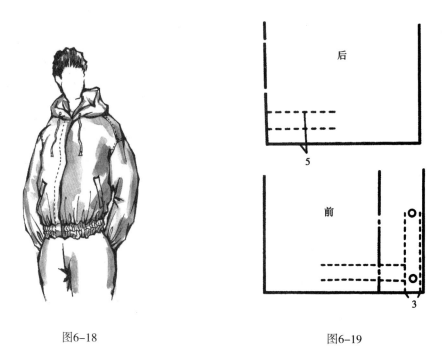

图6-18

图6-19

1. **挂面烫黏合衬** 为使松紧带的缝合止点牢固，要烫贴L形的黏合衬，多余的缝份要剪掉，见图6-20。

2. **衣摆边车缝装饰线** 将衣摆边折成完成状后，车缝装饰线，接着穿松紧带，并假缝固定，见图6-21。

3. **车缝装饰线固定松紧带** 挂面的衣摆边要手缝固定，见图6-22。

4. **接缝松紧带** 见图6-23。

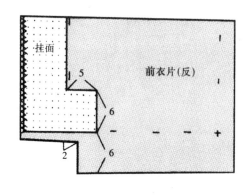

图6-20

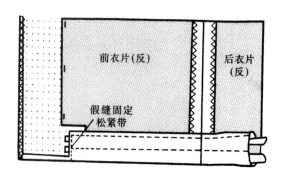

图6-21

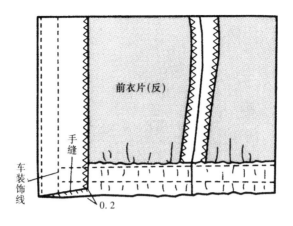

图6-22

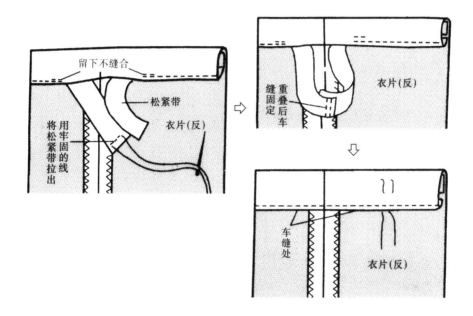

图6-23

第二节　裙摆边

款式A···普通裙摆边（图6-24）

　　女装的裙摆边要注意面料正面不能显露出缝合线迹，而童装则以不脱线为重点。根据服装的种类和用途，缝合方法也有所不同。同时要配合材料选择适当的缝合方法。

　　为使面料不呈现熨烫痕迹，在衣摆边缘用熨斗熨烫时，要在边缘下面插入厚纸。如采用不需要把底边线压平的毛料或较厚的棉布等，则不要在衣摆边褶位使用熨斗。

图6-24

筒裙、百褶裙、喇叭裙等可按一般性群摆边处理，以下按材料说明其缝制方法。

1. **纯棉、化纤、不透明的薄料**　见图6-25。手缝，如图6-25①所示；三折车缝，如图6-25②所示。

2. **纯毛、较厚的棉及化纤面料**　见图6-26。

3. **伸缩性面料**　见图6-27。

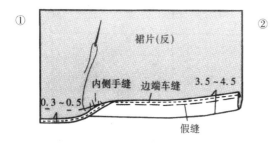
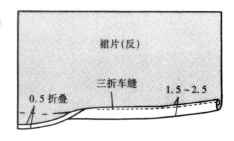

图6-25

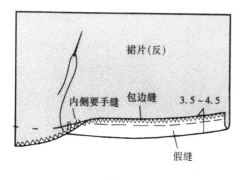

图6-26

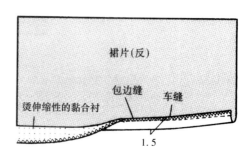

图6-27

4. **透明面料** 见图6-28。车缝后再手缝（面料布、印花布），如图6-28①所示；一边向上卷，一边缲缝，如图6-28②所示；三折边车缝，如图6-28③所示。

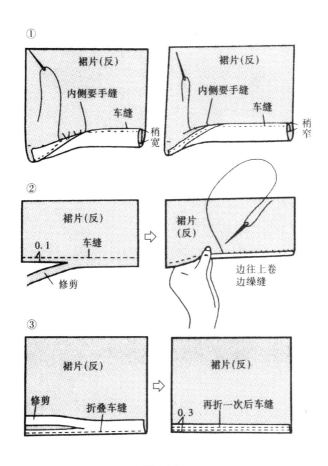

图6-28

5. **里布** 一般性裙子的里布见图6-29①，百褶裙的里布见图6-29②。

6. **百褶裙** 见图6-30。

7. **喇叭裙** 取得褶裥，见图6-31①；绷缝，见图6-31②。

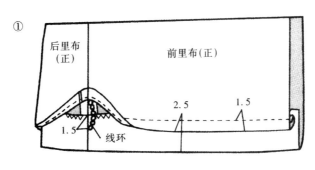

图6-29

②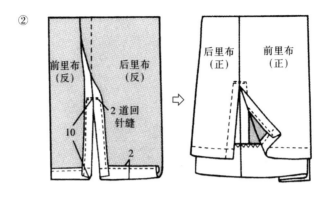

图6-29

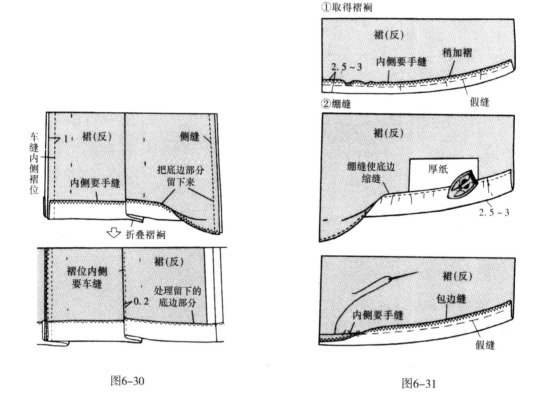

图6-30

图6-31

款式B···有褶裥开衩的裙摆边（图6-32）

本款是在褶裥内侧加开衩的款式，常用于缝合止点位置低、褶裥量较大的裙装，其结构见图6-33。缝合方法如图6-34～图6-37所示。

图6-32

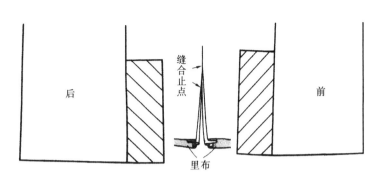

图6-33

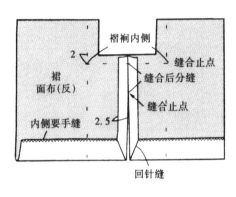

图6-34

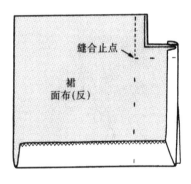

图6-35

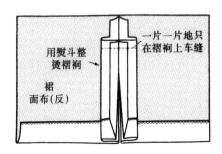

图6-36

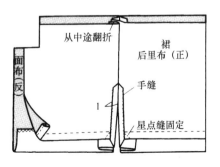

图6-37

第三节　腰头

下装的裤子和裙子腰头的缝制方法主要有两种，一种是绱腰式，一种是连腰式。

款式A···绱腰式腰头（图6-38）

绱腰式腰头是用于裙腰和裤腰中最具代表性的腰头缝制方式。开口可设计在前、后片中心线及侧缝等位置，其结构见图6-39。

图6-38

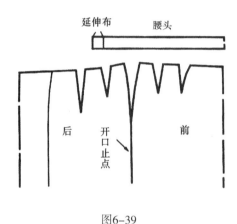

图6-39

（一）加黏合衬腰头里衬

1. **烫贴腰头黏合衬**　腰头布要加上黏合衬厚度的宽度，一般利用布边裁剪，见图6-40。

2. **绱腰头**　先将腰头用手针缝，再整理成腰围尺寸。把腰头正面一侧和裙子或裤子对正，并加以车缝，见图6-41。

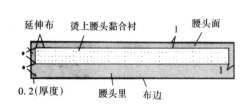

图6-40

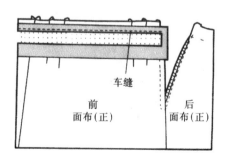

图6-41

3. **车缝腰头两端**　腰头布对正，对折后再车缝，见图6-42。

4. **手缝腰头里侧**　把腰头折向正面整理，腰头布不要多出或不足，在缝合腰头的车缝线旁边，手缝里腰头或从正面车缝固定，见图6-43。

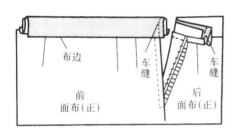

图6-42

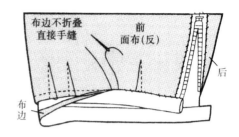

图6-43

（二）加化纤腰头里衬

1. **车缝固定化纤腰头里衬**　用车缝将腰头里衬固定在腰头里布的反面，见图6-44。

2. **车缝下装与腰头**　对正裙子或裤子的面布和里布，用假缝固定，再把腰头正面与下装面布的正面相对车缝，见图6-45。

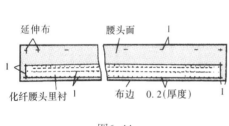

图6-44

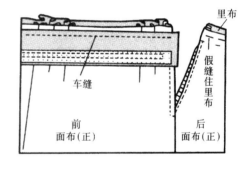

图6-45

3. **车缝腰头两端**　将腰头布对折，在两端车缝，见图6-46。

4. **手缝里腰头**　腰头翻至正面，将腰头里的布边手缝在下装里布上，见图6-47。

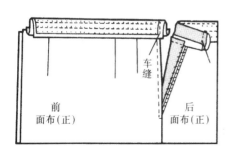

图6-46

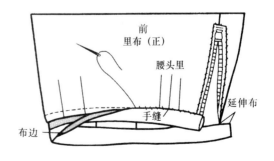

图6-47

（三）绱厚布料腰头

为了预防腰头布太厚，在腰头里侧使用平织布的带子。里衬不要直接固定在腰头布上，而要固定在缝份上，见图6-48。

（四）绱薄布料腰头

为使里衬不透出，使用面布把腰头缝成双层。如果颜色仍会透出，则里侧要用里布来裁剪，见图6-49。

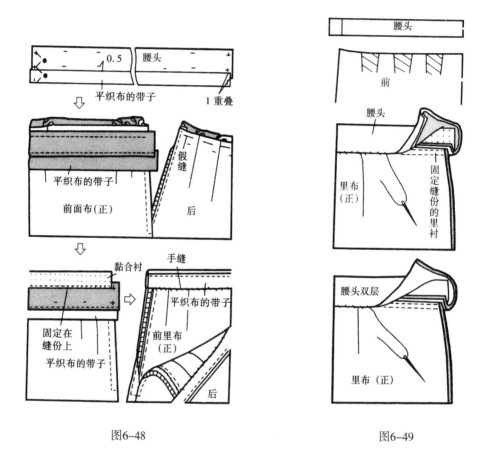

图6-48　　　　　　　　　　　　　　　图6-49

款式B···连腰式腰头（图6-50）

连腰式腰头的贴边布要用面布裁剪，但布料过厚或用斜纹布时，贴边布使用平纹棉布较易缝制平整。当腰部有褶、省时，将褶、省在纸样上重叠后打开裁剪，其结构见图6-51。

1. **制作贴边纸型**　把腰围线等整理成折叠褶裥，见图6-52。
2. **贴边布车缝在腰口线上**　贴边布要烫黏合衬，使之平坦，见图6-53。

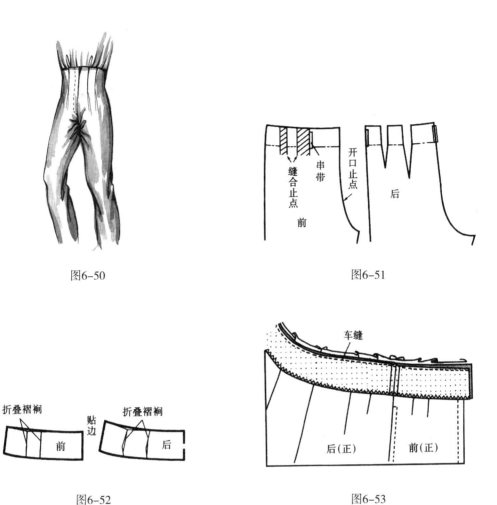

图6-50

图6-51

图6-52

图6-53

3. **车缝串带** 把贴边掀开，车缝固定串带。腰口要与贴边错开0.2cm，用熨斗整烫成型，见图6-54。

4. **处理贴边** 腰口车明线固定缝份，把贴边的边端手缝在缝份上，见图6-55。

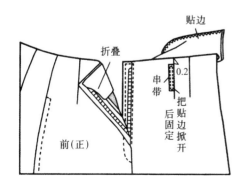

图6-54

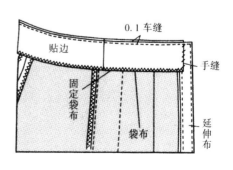

图6-55

思考题

    1. 简述衣摆边的几种处理方法及应用特点。

    2. 简述腰头的几种处理方法及应用特点。

    3. 简述喇叭裙裙摆边的缝制要点。

    4. 简述腰头的缝制要点。

作业

    1. 缝制衬衫圆摆边一款。

    2. 缝制侧缝摆边开衩一款。

    3. 缝制喇叭裙裙摆边一款。